国家出版基金资助项目
现代数学中的著名定理纵横谈丛书
丛书主编　王梓坤

HADAMARD MATRIX INEQUALITY

Hadamard矩阵不等式

刘培杰数学工作室　编

哈爾濱工業大學出版社
HARBIN INSTITUTE OF TECHNOLOGY PRESS

内 容 简 介

本书从一道 IMO 试题的解法谈起，主要包括 Hadamard 矩阵不等式的证明及应用、关于 Hadamard 不等式的注记、Hadamard 不等式的几何意义、一类亚正定矩阵上的逆向 Hadamard不等式和逆向 Szasz 不等式、Hadamard 定理在四元数除环上的改进、Hadamard 定理在四元数体上的推广、正定 Hermite 阵的行列式上界与 Hadamard 不等式的改进、亚正定阵理论等内容.

本书适合大中师生及数学爱好者参考阅读.

图书在版编目(CIP)数据

Hadamard 矩阵不等式/刘培杰数学工作室编. —哈尔滨:哈尔滨工业大学出版社,2024.3

(现代数学中的著名定理纵横谈丛书)

ISBN 978-7-5603-9923-2

Ⅰ.①H… Ⅱ.①刘… Ⅲ.①矩阵—不等式 Ⅳ.①O151.21

中国版本图书馆 CIP 数据核字(2022)第 015372 号

HADAMARD JUZHEN BUDENGSHI

策划编辑 刘培杰 张永芹
责任编辑 刘家琳
封面设计 孙茵艾
出版发行 哈尔滨工业大学出版社
社　　址 哈尔滨市南岗区复华四道街 10 号 邮编 150006
传　　真 0451-86414749
网　　址 http://hitpress.hit.edu.cn
印　　刷 辽宁新华印务有限公司
开　　本 787 mm×960 mm 1/16 印张 10.75 字数 116 千字
版　　次 2024 年 3 月第 1 版 2024 年 3 月第 1 次印刷
书　　号 ISBN 978-7-5603-9923-2
定　　价 98.00 元

⊙代序

读书的乐趣

你最喜爱什么——书籍.

你经常去哪里——书店.

你最大的乐趣是什么——读书.

这是友人提出的问题和我的回答.真的,我这一辈子算是和书籍,特别是好书结下了不解之缘.有人说,读书要费那么大的劲,又发不了财,读它做什么?我却至今不悔,不仅不悔,反而情趣越来越浓.想当年,我也曾爱打球,也曾爱下棋,对操琴也有兴趣,还登台伴奏过.但后来却都一一断交,"终身不复鼓琴".那原因便是怕花费时间,玩物丧志,误了我的大事——求学.这当然过激了一些.剩下来唯有读书一事,自幼至今,无日少废,谓之书痴也可,谓之书橱也可,管它呢,人各有志,不可相强.我的一生大志,便是教书,而当教师,不多读书是不行的.

读好书是一种乐趣,一种情操;一种向全世界古往今来的伟人和名人求教的方法,一种和他们展开讨论的方式;一封出席各种活动、体验各种生活、结识各种人物的邀请信;一张迈进科学宫殿和未知世界的入场券;一股改造自己、丰富自己的强大力量.书籍是全人类有史以来共同创造的财富,是永不枯竭的智慧的源泉.失意时读书,可以使人重整旗鼓;得意时读书,可以使人头脑清醒;疑难时读书,可以得到解答或启示;年轻人读书,可明奋进之道;年老人读书,能知健神之理.浩浩乎!洋洋乎!如临大海,或波涛汹涌,或清风微拂,取之不尽,用之不竭.吾于读书,无疑义矣,三日不读,则头脑麻木,心摇摇无主.

潜能需要激发

我和书籍结缘,开始于一次非常偶然的机会.大概是八九岁吧,家里穷得揭不开锅,我每天从早到晚都要去田园里帮工.一天,偶然从旧木柜阴湿的角落里,找到一本蜡光纸的小书,自然很破了.屋内光线暗淡,又是黄昏时分,只好拿到大门外去看.封面已经脱落,扉页上写的是《薛仁贵征东》.管它呢,且往下看.第一回的标题已忘记,只是那首开卷诗不知为什么至今仍记忆犹新:

日出遥遥一点红,飘飘四海影无踪.

三岁孩童千两价,保主跨海去征东.

第一句指山东,二、三两句分别点出薛仁贵(雪、人贵).那时识字很少,半看半猜,居然引起了我极大的兴趣,同时也教我认识了许多生字.这是我有生以来独立看的第一本书.尝到甜头以后,我便千方百计去找书,向小朋友借,到亲友家找,居然断断续续看了《薛丁山征西》《彭公案》《二度梅》等,樊梨花便成了我心中的女英雄.我真入迷了.从此,放牛也罢,车水也罢,我总要带一本书,还练出了边走田间小路边读书的本领,读得津津有味,不知人间别有他事.

当我们安静下来回想往事时,往往会发现一些偶然的小事却影响了自己的一生.如果不是找到那本《薛仁贵征东》,我的好学心也许激发不起来.我这一生,也许会走另一条路.人的潜能,好比一座汽油库,星星之火,可以使它雷声隆隆、光照天地;但若少了这粒火星,它便会成为一潭死水,永归沉寂.

抄,总抄得起

好不容易上了中学,做完功课还有点时间,便常光顾图书馆.好书借了实在舍不得还,但买不到也买不起,便下决心动手抄书.抄,总抄得起.我抄过林语堂写的《高级英文法》,抄过英文的《英文典大全》,还抄过《孙子兵法》,这本书实在爱得狠了,竟一口气抄了两份.人们虽知抄书之苦,未知抄书之益,抄完毫末俱见,一览无余,胜读十遍.

始于精于一,返于精于博

关于康有为的教学法,他的弟子梁启超说:"康先生之教,专标专精、涉猎二条,无专精则不能成,无涉猎则不能通也."可见康有为强烈要求学生把专精和广博(即"涉猎")相结合.

在先后次序上,我认为要从精于一开始.首先应集中精力学好专业,并在专业的科研中做出成绩,然后逐步扩大领域,力求多方面的精.年轻时,我曾精读杜布(J. L. Doob)的《随机过程论》,哈尔莫斯(P. R. Halmos)的《测度论》等世界数学名著,使我终身受益.简言之,即"始于精于一,返于精于博".正如中国革命一样,必须先有一块根据地,站稳后再开创几块,最后连成一片.

丰富我文采,澡雪我精神

辛苦了一周,人相当疲劳了,每到星期六,我便到旧书店走走,这已成为生活中的一部分,多年如此.一次,偶然看到一套《纲鉴易知录》,编者之一便是选编《古文观止》的吴楚材.这部书提纲挈领地讲中国历史,上自盘古氏,直到明末,记事简明,文字古雅,又富于故事性,便把这部书从头到尾读了一遍.从此启发了我读史书的兴趣.

我爱读中国的古典小说,例如《三国演义》和《东周列国志》.我常对人说,这两部书简直是世界上政治阴谋诡计大全.即以近年来极时髦的人质问题(伊朗人质、劫机人质等),这些书中早就有了,秦始皇的父亲便是受害者,堪称"人质之父".

《庄子》超尘绝俗,不屑于名利.其中"秋水""解牛"诸篇,诚绝唱也.《论语》束身严谨,勇于面世,"己所不欲,勿施于人",有长者之风.司马迁的《报任少卿书》,读之我心两伤,既伤少卿,又伤司马;我不知道少卿是否收到这封信,希望有人做点研究.我也爱读鲁迅的杂文,果戈理、梅里美的小说.我非常敬重文天祥、秋瑾的人品,常记他们的诗句:"人生自古谁无死,留取丹心照汗青""休言女子非英物,夜夜龙泉壁上鸣".唐诗、宋词、《西厢记》《牡丹亭》,丰富我文采,澡雪我精神,其中精粹,实是人间神品.

读了邓拓的《燕山夜话》,既叹服其广博,也使我动了写《科学发现纵横谈》的心.不料这本小册子竟给我招来了上千封鼓励信.以后人们便写出了许许多多的"纵横谈".

从学生时代起,我就喜读方法论方面的论著.我想,做什么事情都要讲究方法,追求效率、效果和效益,方法好能事半而功倍.我很留心一些著名科学家、文学家写的心得体会和经验.我曾惊讶为什么巴尔扎克在51年短短的一生中能写出上百本书,并从他的传记中去寻找答案.文史哲和科学的海洋无边无际,先哲们的明智之光沐浴着人们的心灵,我衷心感谢他们的恩惠.

读书的另一面

以上我谈了读书的好处,现在要回过头来说说事情的另一面.

读书要选择.世上有各种各样的书:有的不值一看,有的只值看20分钟,有的可看5年,有的可保存一辈子,有的将永远不朽.即使是不朽的超级名著,由于我们的精力与时间有限,也必须加以选择.决不要看坏书,对一般书,要学会速读.

读书要多思考.应该想想,作者说得对吗?完全吗?适合今天的情况吗?从书本中迅速获得效果的好办法是有的放矢地读书,带着问题去读,或偏重某一方面去读.这时我们的思维处于主动寻找的地位,就像猎人追找猎物一样主动,很快就能找到答案,或者发现书中的问题.

有的书浏览即止,有的要读出声来,有的要心头记住,有的要笔头记录.对重要的专业书或名著,要勤做笔记,"不动笔墨不读书".动脑加动手,手脑并用,既可加深理解,又可避忘备查,特别是自己的灵感,更要及时抓住.清代章学诚在《文史通义》中说:"札记之功必不可少,如不札记,则无穷妙绪如雨珠落大海矣."

许多大事业、大作品，都是长期积累和短期突击相结合的产物.涓涓不息，将成江河；无此涓涓，何来江河？

爱好读书是许多伟人的共同特性，不仅学者专家如此，一些大政治家、大军事家也如此.曹操、康熙、拿破仑、毛泽东都是手不释卷，嗜书如命的人.他们的巨大成就与毕生刻苦自学密切相关.

王梓坤

◎ 目录

第一编 引 言

第二编　亚正定阵理论

第三编　为什么总是法国

第一编

引　言

从一道IMO试题谈起

第1章

§1 引 言

英国著名数学家M.F.Atiyah在1976年11月19日就任伦敦数学会主席的演说词的末尾说道:"我愿意向学数学的学生提出的最有用的建议,就是对于响当当的大定理总要问一问是否它有一种特殊情形,这种特殊情形既是简单的而又不是无聊的."本章的目的是想以一道IMO试题为例响应Atiyah的这一建议.

1965年在德意志民主共和国举行的第7届IMO中的试题2为:

试题 已知方程组

$$\begin{cases}a_{11}x_1+a_{12}x_2+a_{13}x_3=0\\a_{21}x_1+a_{22}x_2+a_{23}x_3=0\\a_{31}x_1+a_{32}x_2+a_{33}x_3=0\end{cases}$$

的系数满足下列条件：

(1)a_{11},a_{22},a_{33} 都是正的；

(2) 所有其余系数都是负的；

(3) 每一个方程中系数之和是正的.

求证:$x_1=x_2=x_3=0$ 是已知方程组的唯一解.

证　齐次线性方程组仅当系数矩阵的行列式为零时才有非零解.所以我们将指出 $D\neq 0$,将 D 的最后一列用所有三列之和代替,得

$$D=\begin{vmatrix} a_{11} & a_{12} & S_1 \\ a_{21} & a_{22} & S_2 \\ a_{31} & a_{32} & S_3 \end{vmatrix}$$

其中,由条件(3) 有

$$S_i=a_{i1}+a_{i2}+a_{i3}>0,i=1,2,3$$

将 D 按第 3 列展开

$$D=S_1(a_{21}a_{32}-a_{22}a_{31})-S_2(a_{11}a_{32}-a_{12}a_{31})+ S_3(a_{11}a_{22}-a_{12}a_{21}) \tag{1}$$

由条件(1) 和(2) 推得式(1) 中前两项是正的,又由(2) 和(3),有

$$a_{11}+a_{12}>a_{11}+a_{12}+a_{13}>0$$

得

$$a_{11}>-a_{12}=|a_{12}|$$

$$a_{22}+a_{21}>a_{22}+a_{21}+a_{23}>0$$

得

$$a_{22}>-a_{21}=|a_{21}|$$

因此 $a_{11}a_{22}>a_{12}a_{21}$,得式(1) 中第 3 项也是正的,于是 $D>0$,故 $x_1=x_2=x_3=0$.

注　在此解法中我们使用了所谓的 Cramer

Gabriel 法则. 这是 1750 年 Cramer 在其代表作《代数曲线的解析引论》中给出的. 他将其用于确定经过 5 个点的一般的二次曲线的系数 $Ax^2+By+Cx+Dy^2+Exy+F=0$. 他使用的行列式的概念与现在一般数学教材中的完全一样. 证明思路是这样的:利用行列式的性质,将试题中的方程组化为等价的方程组

$$\begin{cases} Dx_1=0 \\ Dx_2=0 \\ Dx_3=0 \end{cases}$$

则 $D\neq 0$,即可知 $x_1=x_2=x_3=0$. 当然仅用展开式计算原方程组的系数行列式也可以,即

$$\begin{aligned} D=&\begin{vmatrix} a_{11} & a_{12} & a_{13} \\ a_{21} & a_{22} & a_{23} \\ a_{31} & a_{32} & a_{33} \end{vmatrix} \\ =&a_{11}a_{22}a_{33}+a_{21}a_{32}a_{13}+a_{31}a_{12}a_{23}-a_{11}a_{32}a_{23}- \\ &a_{21}a_{12}a_{33}-a_{31}a_{22}a_{13} \\ =&a_{11}a_{22}a_{33}+a_{12}a_{22}a_{33}+a_{13}a_{22}a_{33}+a_{21}a_{32}a_{13}+ \\ &a_{22}a_{32}a_{13}+a_{23}a_{32}a_{13}+a_{31}a_{12}a_{23}+a_{32}a_{12}a_{23}+ \\ &a_{33}a_{12}a_{23}-a_{11}a_{32}a_{23}-a_{12}a_{32}a_{23}-a_{13}a_{32}a_{23}- \\ &a_{21}a_{12}a_{33}-a_{22}a_{12}a_{33}-a_{23}a_{12}a_{33}-a_{31}a_{22}a_{13}- \\ &a_{32}a_{22}a_{13}-a_{33}a_{22}a_{13} \\ =&(a_{11}+a_{12}+a_{13})a_{22}a_{33}+(a_{21}+a_{22}+a_{23})a_{32}a_{13}+ \\ &(a_{31}+a_{32}+a_{33})a_{12}a_{23}-(a_{11}+a_{12}+a_{13})a_{32}a_{23}- \\ &(a_{21}+a_{22}+a_{23})a_{12}a_{33}-(a_{31}+a_{32}+a_{33})a_{22}a_{13} \end{aligned}$$

上面最后式子的六大项中,除了第四大项为负数,其余五大项均为正数,现在把其中的第一大项与第四大项放在一起来考察,得

$$(a_{11}+a_{12}+a_{13})a_{22}a_{33}-(a_{11}+a_{12}+a_{13})a_{32}a_{23}$$
$$=(a_{11}+a_{12}+a_{13})(a_{22}a_{33}-a_{32}a_{23})$$
$$=(a_{11}+a_{12}+a_{13})(a_{22}a_{33}+a_{23}a_{33}-a_{32}a_{23}-a_{23}a_{33})$$
$$=(a_{11}+a_{12}+a_{13})[a_{33}(a_{22}+a_{23})-a_{23}(a_{32}+a_{33})]$$

由已知条件(3)有

$$a_{11}+a_{12}+a_{13}>0$$

$$a_{22}+a_{23}>-a_{21}>0,-(a_{32}+a_{33})<a_{31}<0$$

由此可知 $D>0$,即原方程组有唯一解

$$x_1=x_2=x_3=0$$

§2 推 广

利用著名的 Jacques Hadamard(1865—1963) 定理,我们可以将试题推广到 n 个变量.

Hadamard **定理**(主对角线严格占优) 设 $\boldsymbol{A}=(a_{ij})$ 为 n 阶实方阵,则:

(1) 当 $|a_{ii}|>\sum_{j\neq 1}|a_{ij}|$ $(i=1,2,\cdots,n)$ 时,$|\boldsymbol{A}|<0$;

(2) 当 $a_{ij}>\sum_{j\neq 1}|a_{ij}|$ $(i=1,2,\cdots,n)$ 时,$|\boldsymbol{A}|>0$.

证法 1 (1) 令 $\boldsymbol{\beta}_1,\cdots,\boldsymbol{\beta}_n$ 为 $\boldsymbol{A}$ 的列向量,用反证法,若 $|\boldsymbol{A}|=0$,则 $\boldsymbol{\beta}_1,\cdots,\boldsymbol{\beta}_n$ 线性相关,即存在不全为零的 $k_1,\cdots,k_n$,使

$$k_1\boldsymbol{\beta}_1+\cdots+k_n\boldsymbol{\beta}_n=\boldsymbol{0} \tag{2}$$

令 $k=\max\{|k_1|,\cdots,|k_n|\}>0$,不妨设 $k=k_i$,那么

由式(2),有

$$\boldsymbol{\beta}_i = \sum_{j\neq i}\left(-\left(\frac{k_j}{k_i}\right)\boldsymbol{\beta}_j\right) \tag{3}$$

从而有

$$a_{ii} = \sum_{j\neq i}\left(-\frac{k_j}{k_i}a_{ij}\right)$$

所以

$$|a_{ii}| \leqslant \sum_{j\neq i}\left|\frac{k_j}{k_i}\right| |a_{ij}| \leqslant \sum_{j\neq i}|a_{ij}|$$

这与假设矛盾.故 $|\boldsymbol{A}|\neq 0$.

从这个定理我们可知,试题中的条件(1)是多余的,完全可以去掉.

(1)设 $0\leqslant t\leqslant 1$,作新行列式

$$D(t)=\begin{vmatrix} a_{11} & a_{12}t & \cdots & a_{1n}t \\ a_{21}t & a_{22} & \cdots & a_{2n}t \\ \vdots & \vdots & & \vdots \\ a_{n1}t & a_{n2}t & \cdots & a_{nn} \end{vmatrix}$$

显然当 $t\in[0,1]$ 时,$D(t)$ 仍是主对角线严格占优,从而 $D(t)\neq 0$.将 $D(t)$ 展开以后,它是 t 的连续函数,而 $D(0)=a_{11}a_{22}\cdots a_{nn}>0$.

用反证法,若 $|\boldsymbol{A}|<0$,则 $D(1)<0$,从而存在 $t_1\in(0,1)$,使 $D(t_1)=0$,这与 $D(t)\neq 0$ 矛盾.

如果将试题视为 Hadamard 定理的特例,那么条件(1)是必要的,否则不会有 $a_{ii}>\sum_{j\neq i}|a_{ij}|$ $(i=1,2,3)$ 这个条件.但这时 Hadamard 定理的结论又过强,它给出 $|\boldsymbol{A}|>0$,而我们只需要 $|\boldsymbol{A}|\neq 0$.所以从这个意义上说试题的条件和结论不是互为充要的.

当然,我们考虑到以上几种解法都用到了行列式

这个概念，而对于许多中国学生来说，中学阶段并没有接触到行列式这个概念，所以为了普及的需要，也为了使更多的中学生能通过试题欣赏到 Hadamard 定理的精彩与优美，我们一定要找到一种不用行列式这一概念的解法，这样的解法是存在的.

证法 2　假使已知方程组有非零解，存在 $|x_i|=\max\{|x_1|,|x_2|,|x_3|\}$，不妨设 $x_i=x_2$，则

$$x_2\neq 0,|x_2|\geqslant|x_1|,|x_2|\geqslant|x_3| \qquad (4)$$

我们指出第二个方程 $a_{21}x_1+a_{22}x_2+a_{23}x_3=0$ 不成立.

事实上，第二个方程可写成

$$a_{22}x_2=-a_{21}x_1-a_{23}x_3$$

利用三角不等式，以及条件(1)(2) 和(3)，得到

$$\begin{aligned}a_{22}|x_2| &\leqslant -a_{21}|x_1|-a_{23}|x_3|\\ &\leqslant -a_{21}|x_2|-a_{23}|x_2|\end{aligned}$$

除以 $|x_2|$，得 $a_{22}\leqslant -a_{21}-a_{23}$，即 $a_{21}+a_{22}+a_{23}\leqslant 0$，与试题的已知条件(3) 矛盾.

同理，若 $|x_1|=\max\{|x_1|,|x_2|,|x_3|\}$ 或 $|x_3|=\max\{|x_1|,|x_2|,|x_3|\}$，则可指出条件(1) 和(3) 不成立.

§3　复　数　域

正如 Hadamard 本人所说："实数域中两个真理之间的最短距离是通过复数域." 我们完全可以建立复数域中类似的结论. 这可视为一个推广，在做此推广

之前，我们有必要重温 E. J. Macshane 对数学中推广所发表的评论："显然对几项数学内容的公共推广不可能包括每一实例的每个细节 —— 如果这个推广真的包括了这些，它就无法区别于各个实例了. 一个好的推广具有令人满意的广泛性，且又保留了有趣的实例的味道. 人们现在的兴趣对广泛例子要偏爱得多，而对个别例子的迷人之处的爱好却要少得多. 有时发现某推广过程抛弃了一些有价值且不宜忽略的性质，这时发展一个不同的推广以恢复忽视了的东西."

这里以 $\det \boldsymbol{A}$ 记行列式.

定理 1 设 $\boldsymbol{A}=(a_{ij})$ 为 $n\times n$ 复方阵，记

$$S_1=\sum_{j=i+1}^{n}|a_{ij}|,i=1,2,\cdots,n$$

若

$$|a_{ij}|>\sum_{j\neq i}|a_{ij}|,i=1,2,\cdots,n \tag{5}$$

则

$$\begin{aligned}|a_{ii}|>\prod_{i=1}^{n}(|a_{ii}|-S_i)&\leqslant|\det \boldsymbol{A}|\\ &\leqslant\prod_{i=1}^{n}(|a_{ii}|+S_i)\end{aligned} \tag{6}$$

且当 $\boldsymbol{A}$ 为下三角阵时，等号成立.

证 我们首先证明，在条件(1)下，$\det \boldsymbol{A}\neq 0$. 用反证法，假设 $\det \boldsymbol{A}=0$，则线性方程组 $\boldsymbol{Ax}=\boldsymbol{0}$ 有非零解 $\tilde{\boldsymbol{x}}=(\tilde{x}_1,\cdots,\tilde{x}_n)^{\mathrm{T}}$.

记

$$|\tilde{x}_k|=\max_{1\leqslant i\leqslant n}\{|\tilde{x}_i|\}$$

由 $\boldsymbol{A}\tilde{\boldsymbol{x}}=\boldsymbol{0}$ 得

$$\begin{aligned}|a_{kk}\tilde{x}_k| &= |\sum_{j\neq k}a_{kj}\tilde{x}_j| \leqslant \sum_{j\neq k}|a_{kj}||\tilde{x}_k| \\ &= |\tilde{x}_k|\sum_{j\neq k}|a_{kj}|\end{aligned}$$

即

$$|a_{kk}| \leqslant \sum_{j\neq k}|a_{kj}| \tag{7}$$

这与式(1) 矛盾.

记

$$\boldsymbol{A}_1 = \begin{pmatrix} a_{22} & \cdots & a_{2n} \\ \vdots & & \vdots \\ a_{n2} & \cdots & a_{nn} \end{pmatrix}$$

$$\boldsymbol{y} = \begin{pmatrix} x_2 \\ \vdots \\ x_n \end{pmatrix}, \boldsymbol{b} = \begin{pmatrix} a_{21} \\ \vdots \\ a_{n1} \end{pmatrix}$$

和上面同样的道理,$\det \boldsymbol{A}_1 \neq 0$,于是线性方程组 $\boldsymbol{A}_1\boldsymbol{y} = -\boldsymbol{b}$ 有唯一解

$$\boldsymbol{y}^{(1)} = (x_2^{(1)}, \cdots, x_n^{(1)})^{\mathrm{T}}$$

设

$$|x_k^{(1)}| = \max_{1\leqslant i\leqslant n-1}\{|x_i^{(1)}|\}$$

类似于(7) 的证明,可证明

$$|a_{kk}| \leqslant \sum_{j=2}^{n}|a_{kj}| + \frac{|a_{k1}|}{|x_k^{(1)}|} \tag{8}$$

结合(5) 推得

$$|x_k^{(1)}| < 1 \tag{9}$$

记 $\boldsymbol{c}_1 = (a_{12}, \cdots, a_{1n})^{\mathrm{T}}$,因

$$\begin{pmatrix} a_{11} & \boldsymbol{c}_1^{\mathrm{T}} \\ \boldsymbol{b} & \boldsymbol{A}_1 \end{pmatrix}\begin{pmatrix} 1 & \boldsymbol{0} \\ \boldsymbol{y}^{(1)} & \boldsymbol{I}_{n-1} \end{pmatrix} = \begin{pmatrix} a_{11} + \boldsymbol{c}_1^{\mathrm{T}}\boldsymbol{y}^{(1)} & \boldsymbol{c}_1^{\mathrm{T}} \\ \boldsymbol{0} & \boldsymbol{A}_1 \end{pmatrix}$$

故有

$$\det \boldsymbol{A}=(a_{11}+\boldsymbol{c}_1^{\mathrm{T}}\boldsymbol{y}^{(1)})\det \boldsymbol{A}_1$$

而由(9),我们有

$$|\boldsymbol{c}_1^{\mathrm{T}}\boldsymbol{y}^{(1)}|<\sum_{j=2}^{n}|a_{1j}|$$

用完全相同的方法可以证明

$$\det \boldsymbol{A}_1=(a_{22}+\boldsymbol{c}_2^{\mathrm{T}}\boldsymbol{y}^{(2)})\det \boldsymbol{A}_2$$

$$|\boldsymbol{c}_2^{\mathrm{T}}\boldsymbol{y}^{(2)}|<\sum_{j=3}^{n}|a_{2j}|$$

其中

$$\boldsymbol{A}_2=\begin{pmatrix}a_{33} & \cdots & a_{3n}\\ \vdots & & \vdots\\ a_{n3} & \cdots & a_{nn}\end{pmatrix},\boldsymbol{c}_2=\begin{pmatrix}a_{23}\\ \vdots\\ a_{2n}\end{pmatrix}$$

$$\boldsymbol{y}^{(2)}=(x_3^{(2)},\cdots,x_n^{(2)}),\ |x_j^{(2)}|<1,j=3,\cdots,n$$

继续这样做下去,最后我们得到

$$\det \boldsymbol{A}=\prod_{i=1}^{n}(a_{ii}+\boldsymbol{c}_i^{\mathrm{T}}\boldsymbol{y}^{(i)})$$

$$|\boldsymbol{c}_i^{\mathrm{T}}\boldsymbol{y}^{(i)}|<\sum_{j=i+1}^{n}|a_{ij}|,i=1,2,\cdots,n$$

再应用初等不等式

$$|a|-|b|\leqslant|a+b|\leqslant|a|+|b|$$

我们有

$$0<\prod_{i=1}^{n}(|a_{ii}|-\sum_{j=i+1}^{n}|a_{ij}|)\leqslant|\det \boldsymbol{A}|$$

$$\leqslant\prod_{i=1}^{n}(|a_{ii}|+\sum_{j=i+1}^{n}|a_{ij}|)$$

显然,当 $\boldsymbol{A}$ 为下三角阵时,$S_i=0,i=1,2,\cdots,n$,所以此时等号成立.

Hadamard 不等式有如下的几何形式:由通常的

高维超平行多面体体积的递归定义可知，n 维内积空间 $\mathbf{R}^n$ 中 n 个向量 $\boldsymbol{x}_1,\boldsymbol{x}_2,\cdots,\boldsymbol{x}_n$ 构成的 n 维超平行多面体的体积 $V[\boldsymbol{x}_1,\boldsymbol{x}_2,\cdots,\boldsymbol{x}_n]$ 等于这 n 个向量的坐标构成的行列式 $\det(\boldsymbol{x}_1,\boldsymbol{x}_2,\cdots,\boldsymbol{x}_n)$ 的绝对值. 故若 $\boldsymbol{x}_k=(x_{k_1},x_{k_2},\cdots,x_{k_n})\in\mathbf{R}^n$，$k=1,2,\cdots,n$，则

$$V[\boldsymbol{x}_1,\boldsymbol{x}_2,\cdots,\boldsymbol{x}_n]\leqslant\prod_{k=1}^{n}\|\boldsymbol{x}_k\|$$

其中

$$\|\boldsymbol{x}_k\|=\sqrt{\sum_{j=1}^{n}x_{k_j}^2}$$

1961 年 Szasz 将其推广得到如下更精密的结果：

设 $\boldsymbol{x}_k\in\mathbf{R}^n$，$k=1,2,\cdots,m$，则

$$\begin{aligned}&V[\boldsymbol{x}_1,\boldsymbol{x}_2,\cdots,\boldsymbol{x}_m]\\ \leqslant&\prod_{k=1}^{m}\{V[\boldsymbol{x}_1,\boldsymbol{x}_2,\cdots,\boldsymbol{x}_{k-1},\boldsymbol{x}_{k+1},\cdots,\boldsymbol{x}_m]\}^{\frac{1}{m-1}}\end{aligned}$$

1983 年中国科学技术大学数学系 79 级的两位学生沈忠民、荣用武将 Hadamard 不等式推广到复数域，他们得到如下定理：

定理 2 设 $\boldsymbol{x}_i=(x_{i1},\cdots,x_{in})\in\mathbf{C}^n$，线性无关，则

$$\left|\det\begin{pmatrix}\boldsymbol{x}_1\\ \vdots\\ \boldsymbol{x}_n\end{pmatrix}\right|\leqslant\prod_{j=1}^{n}\|\boldsymbol{x}_j\|\prod_{j=2}^{n}\sin\langle\boldsymbol{x}_j,\boldsymbol{x}_{i_j}\rangle,i_j<j$$

因为任意两个非零复向量 $\boldsymbol{x},\boldsymbol{y}\in\mathbf{C}^n$，只要 $(\boldsymbol{x},\boldsymbol{y})\neq 0$，就有

$$\sin^2(\boldsymbol{x},\boldsymbol{y})=1-\frac{|(\boldsymbol{x},\boldsymbol{y})|^2}{\|\boldsymbol{x}\|^2\|\boldsymbol{y}\|^2}<1$$

所以它确实为 Hadamard 不等式的一个推广.

值得指出的是 Hadamard 不等式不仅是数学研究

的对象,同时它还是解决许多高层次数学竞赛题的锐利武器.如下面这道2021年中国台湾IMOC(代数组)试题:

对 $n\geqslant 2$ 个实数 $x_1,x_2,\cdots,x_n$,求证:$\prod\limits_{1\leqslant j<i\leqslant n}(x_i-x_j)^2\leqslant\prod\limits_{i=0}^{n-1}(\sum\limits_{j=1}^{n}x_j^{2i})$,并求出等号成立时的 $(x_1,x_2,\cdots,x_n)$.

证 设 $|\boldsymbol{A}|$ 是关于 $x_1,x_2,\cdots,x_n$ 的 Vandermonde 行列式,则

$$|\boldsymbol{A}|=\begin{vmatrix}1 & 1 & 1 & \cdots & 1\\ x_1 & x_2 & x_3 & \cdots & x_n\\ x_1^2 & x_2^2 & x_3^2 & \cdots & x_n^2\\ \vdots & \vdots & \vdots & & \vdots\\ x_1^{n-2} & x_2^{n-2} & x_3^{n-2} & \cdots & x_n^{n-2}\\ x_1^{n-1} & x_2^{n-1} & x_3^{n-1} & \cdots & x_n^{n-1}\end{vmatrix}=\prod_{1\leqslant j<i\leqslant n}(x_i-x_j)$$

又由 Hadamard 不等式得

$$|\boldsymbol{A}|^2\leqslant\prod_{i=0}^{n-1}(\sum_{j=1}^{n}x_j^{2i})$$

故原不等式成立.

当 $n=2$ 时,当且仅当 $x_1+x_2=0$ 时,等号成立.

当 $n\geqslant 3$ 时,当且仅当 $x_1^k+x_2^k+\cdots+x_n^k=0$,其中 $k=1,2,\cdots,2n-3$,即 $x_1=x_2=\cdots=x_n=0$(取 $k=2$)时,等号成立.

注(Hadamard不等式) 若 $\boldsymbol{A}=(a_{ij})_{n\times n}$ 是任意的 n 阶实矩阵,则

$$|\boldsymbol{A}|^2\leqslant\prod_{i=1}^{n}(\sum_{j=1}^{n}a_{ij}^2)$$

证 对 $\boldsymbol{A}$ 进行 $\boldsymbol{QR}$ 分解：$\boldsymbol{A}=\boldsymbol{QR}$，其中 $\boldsymbol{Q}$ 是正交矩阵，$|\boldsymbol{Q}|=1$，$\boldsymbol{R}$ 是上三角阵.

进行如下改写：$\boldsymbol{A}=(\boldsymbol{a}_1,\boldsymbol{a}_2,\cdots,\boldsymbol{a}_n)$，$\boldsymbol{R}=(\boldsymbol{r}_1,\boldsymbol{r}_2,\cdots,\boldsymbol{r}_n)$，则 $\boldsymbol{a}_i=\boldsymbol{Q}\boldsymbol{r}_i$，而 $\boldsymbol{Q}$ 是正交矩阵，根据酉变换不改变范数可知

$$\|\boldsymbol{a}_i\|_2=\|\boldsymbol{r}_i\|_2\geqslant r_{ii}$$

又由 $|\boldsymbol{A}|=|\boldsymbol{QR}|=|\boldsymbol{R}|=r_{11}r_{22}\cdots r_{nn}$，得

$$|\boldsymbol{A}|^2=\prod_{i=1}^{n}r_{ii}^2\leqslant\prod_{i=1}^{n}\|\boldsymbol{a}_i\|_2^2=\prod_{i=1}^{n}\left(\sum_{j=1}^{n}a_{ij}^2\right)$$

第2章　Hadamard矩阵不等式的证明及应用

命题1　设$\boldsymbol{A}$和$\boldsymbol{B}$是n阶半正定实对称方阵．证明：存在n阶可逆实方阵$\boldsymbol{P}$，使得$\boldsymbol{PAP}^{\mathrm{T}}$和$\boldsymbol{PBP}^{\mathrm{T}}$都是对角方阵．简单地说，半正定方阵$\boldsymbol{A}$和$\boldsymbol{B}$可同时合同于对角方阵．

证　因为$\boldsymbol{A}$和$\boldsymbol{B}$是半正定的，所以方阵$\boldsymbol{A}+\boldsymbol{B}$也是半正定的．因此存在$n$阶可逆实方阵$\boldsymbol{Q}$，使得

$$\boldsymbol{Q}(\boldsymbol{A}+\boldsymbol{B})\boldsymbol{Q}^{\mathrm{T}}=\begin{pmatrix}\boldsymbol{I}_r & \boldsymbol{0}\\ \boldsymbol{0} & \boldsymbol{0}\end{pmatrix}$$

其中r是方阵$\boldsymbol{A}+\boldsymbol{B}$的秩，记

$$\boldsymbol{QAQ}^{\mathrm{T}}=\begin{pmatrix}\boldsymbol{A}_{11} & \boldsymbol{A}_{12}\\ \boldsymbol{A}_{12}^{\mathrm{T}} & \boldsymbol{A}_{22}\end{pmatrix}$$

其中$\boldsymbol{A}_{11}$是r阶方阵．由于$\boldsymbol{A}$是半正定的，所以$\boldsymbol{A}_{11}$和$\boldsymbol{A}_{22}$是半正定的，于是

$$\boldsymbol{QBQ}^{\mathrm{T}}=\begin{pmatrix}\boldsymbol{I}_r-\boldsymbol{A}_{11} & -\boldsymbol{A}_{12}\\ -\boldsymbol{A}_{12}^{\mathrm{T}} & -\boldsymbol{A}_{22}\end{pmatrix}$$

因为 $\boldsymbol{B}$ 是半正定的，所以 $\boldsymbol{QBQ}^{\mathrm{T}}$ 是半正定的，因此 $-\boldsymbol{A}_{22}$ 是半正定的. 但 $\boldsymbol{A}_{22}$ 也是半正定的，从而 $\boldsymbol{A}_{22}=\boldsymbol{0}$. 因为 $\boldsymbol{A}$ 是半正定的，所以 $\boldsymbol{QAQ}^{\mathrm{T}}$ 是半正定的，而其主子方阵 $\boldsymbol{A}_{22}=\boldsymbol{0}$，因此 $\boldsymbol{A}_{12}=\boldsymbol{0}$，于是

$$\boldsymbol{QAQ}^{\mathrm{T}}=\begin{pmatrix}\boldsymbol{A}_{11} & \boldsymbol{0}\\ \boldsymbol{0} & \boldsymbol{0}\end{pmatrix}$$

$$\boldsymbol{QBQ}^{\mathrm{T}}=\begin{pmatrix}\boldsymbol{I}_r-\boldsymbol{A}_{11} & \boldsymbol{0}\\ \boldsymbol{0} & \boldsymbol{0}\end{pmatrix}$$

因为 $\boldsymbol{A}_{11}$ 是 r 阶半正定方阵，所以存在 r 阶实正交方阵 $\boldsymbol{O}_1$，使得

$$\boldsymbol{O}_1\boldsymbol{A}_{11}\boldsymbol{O}_1^{\mathrm{T}}=\mathrm{diag}(\mu_1,\mu_2,\cdots,\mu_r)$$

其中 $\mu_1\geqslant\mu_2\geqslant\cdots\geqslant\mu_r\geqslant 0$. 注意，$\boldsymbol{O}=\begin{pmatrix}\boldsymbol{O}_1 & \boldsymbol{0}\\ \boldsymbol{0} & \boldsymbol{I}_{n-r}\end{pmatrix}$ 是 n 阶正交方阵，且

$$\begin{pmatrix}\boldsymbol{O}_1 & \boldsymbol{0}\\ \boldsymbol{0} & \boldsymbol{I}_{n-r}\end{pmatrix}\boldsymbol{QAQ}^{\mathrm{T}}\begin{pmatrix}\boldsymbol{O}_1 & \boldsymbol{0}\\ \boldsymbol{0} & \boldsymbol{I}_{n-r}\end{pmatrix}^{\mathrm{T}}$$
$$=\mathrm{diag}(\mu_1,\mu_2,\cdots,\mu_r,0,\cdots,0)$$

记 $\boldsymbol{P}=\begin{pmatrix}\boldsymbol{O}_1 & \boldsymbol{0}\\ \boldsymbol{0} & \boldsymbol{I}_{n-r}\end{pmatrix}\boldsymbol{Q}$，则 $\boldsymbol{P}$ 是 n 阶可逆方阵，且

$$\boldsymbol{PAP}^{\mathrm{T}}=\mathrm{diag}(\mu_1,\mu_2,\cdots,\mu_r,0,\cdots,0)$$

而

$$\begin{pmatrix}\boldsymbol{O}_1 & \boldsymbol{0}\\ \boldsymbol{0} & \boldsymbol{I}_{n-r}\end{pmatrix}\boldsymbol{QBQ}^{\mathrm{T}}\begin{pmatrix}\boldsymbol{O}_1 & \boldsymbol{0}\\ \boldsymbol{0} & \boldsymbol{I}_{n-r}\end{pmatrix}^{\mathrm{T}}=\begin{pmatrix}\boldsymbol{I}_r-\boldsymbol{O}_1\boldsymbol{A}_{11}\boldsymbol{O}_1^{\mathrm{T}} & \boldsymbol{0}\\ \boldsymbol{0} & \boldsymbol{0}\end{pmatrix}$$

因此

$$\boldsymbol{PBP}^{\mathrm{T}}=\mathrm{diag}(1-\mu_1,1-\mu_2,\cdots,1-\mu_r,0,\cdots,0)$$

即方阵 $\boldsymbol{A}$ 和 $\boldsymbol{B}$ 用同一个可逆方阵 $\boldsymbol{P}$ 合同于对角方阵.

命题 2 设 $\boldsymbol{A}$ 和 $\boldsymbol{B}$ 是 n 阶半正定对称方阵，证明

$$\det(\boldsymbol{A}+\boldsymbol{B})\geqslant\det\boldsymbol{A}+\det\boldsymbol{B}$$

证 由命题1可知,存在 n 阶可逆方阵 $\boldsymbol{P}$,使得

$$\boldsymbol{A}=\boldsymbol{P}\operatorname{diag}(\lambda_1,\lambda_2,\cdots,\lambda_n)\boldsymbol{P}^{\mathrm{T}}$$

$$\boldsymbol{B}=\boldsymbol{P}\operatorname{diag}(\mu_1,\mu_2,\cdots,\mu_n)\boldsymbol{P}^{\mathrm{T}}$$

其中 λ_i,μ_j 均为非负实数,因此

$$\boldsymbol{A}+\boldsymbol{B}=\boldsymbol{P}\operatorname{diag}(\lambda_1+\mu_1,\lambda_2+\mu_2,\cdots,\lambda_n+\mu_n)\boldsymbol{P}^{\mathrm{T}}$$

于是

$$\det\boldsymbol{A}=\lambda_1\lambda_2\cdots\lambda_n(\det\boldsymbol{P})^2$$

$$\det\boldsymbol{B}=\mu_1\mu_2\cdots\mu_n(\det\boldsymbol{P})^2$$

$$\det(\boldsymbol{A}+\boldsymbol{B})=(\lambda_1+\mu_1)(\lambda_2+\mu_2)\cdots(\lambda_n+\mu_n)(\det\boldsymbol{P})^2$$

易知

$$\begin{aligned}&(\lambda_1+\mu_1)(\lambda_2+\mu_2)\cdots(\lambda_n+\mu_n)\\\geqslant&\lambda_1\lambda_2\cdots\lambda_n+\mu_1\mu_2\cdots\mu_n\end{aligned}$$

$$\begin{aligned}\det(\boldsymbol{A}+\boldsymbol{B})&=(\lambda_1+\mu_1)(\lambda_2+\mu_2)\cdots(\lambda_n+\mu_n)(\det\boldsymbol{P})^2\\&\geqslant(\lambda_1\lambda_2\cdots\lambda_n+\mu_1\mu_2\cdots\mu_n)(\det\boldsymbol{P})^2\\&=\lambda_1\lambda_2\cdots\lambda_n(\det\boldsymbol{P})^2+\mu_1\mu_2\cdots\mu_n(\det\boldsymbol{P})^2\\&=\det\boldsymbol{A}+\det\boldsymbol{B}\end{aligned}$$

命题3(Fischer) 设 $\boldsymbol{A}$ 是 n 阶半正定对称方阵,对于 $i_1,i_2,\cdots,i_k,1\leqslant i_1<i_2<\cdots<i_k\leqslant n$,用 $\boldsymbol{A}\begin{pmatrix}i_1&i_2&\cdots&i_k\\i_1&i_2&\cdots&i_k\end{pmatrix}$ 表示方阵 $\boldsymbol{A}$ 的第 $i_1,i_2,\cdots,i_k$ 行和第 $i_1,i_2,\cdots,i_k$ 列的交叉位置上的元素构成的主子矩阵的行列式,证明

$$\det\boldsymbol{A}\leqslant\boldsymbol{A}\begin{pmatrix}1&2&\cdots&k\\1&2&\cdots&k\end{pmatrix}\boldsymbol{A}\begin{pmatrix}k+1&k+2&\cdots&n\\k+1&k+2&\cdots&n\end{pmatrix}\tag{1}$$

证 设 $\boldsymbol{A}\begin{pmatrix}1&2&\cdots&k\\1&2&\cdots&k\end{pmatrix}\neq0$,将方阵 $\boldsymbol{A}$ 分块为

$$\boldsymbol{A}=\begin{pmatrix}\boldsymbol{A}_{11} & \boldsymbol{A}_{12}\\ \boldsymbol{A}_{12}^{\mathrm{T}} & \boldsymbol{A}_{22}\end{pmatrix}$$

其中 $\boldsymbol{A}_{11}$ 是 k 阶的. 由于 $\det \boldsymbol{A}_{11}=\boldsymbol{A}\begin{pmatrix}1 & 2 & \cdots & k\\ 1 & 2 & \cdots & k\end{pmatrix}\neq 0$，所以方阵 $\boldsymbol{A}_{11}$ 是可逆的. 因为

$$\begin{pmatrix}\boldsymbol{I}_k & \boldsymbol{0}\\ -\boldsymbol{A}_{12}^{\mathrm{T}}\boldsymbol{A}_{11}^{-1} & \boldsymbol{I}_{n-k}\end{pmatrix}\boldsymbol{A}\begin{pmatrix}\boldsymbol{I}_k & -\boldsymbol{A}_{11}^{-1}\boldsymbol{A}_{12}^{\mathrm{T}}\\ \boldsymbol{0} & \boldsymbol{I}_{n-k}\end{pmatrix}$$
$$=\begin{pmatrix}\boldsymbol{A}_{11} & \boldsymbol{0}\\ \boldsymbol{0} & \boldsymbol{A}_{22}-\boldsymbol{A}_{12}^{\mathrm{T}}\boldsymbol{A}_{11}^{-1}\boldsymbol{A}_{12}\end{pmatrix}$$

所以有

$$\det \boldsymbol{A}=\det \boldsymbol{A}_{11}\det(\boldsymbol{A}_{22}-\boldsymbol{A}_{12}^{\mathrm{T}}\boldsymbol{A}_{11}^{-1}\boldsymbol{A}_{12}) \qquad (2)$$

由于 $\boldsymbol{A}$ 是半正定的，所以 $\boldsymbol{A}_{11}$ 和 $\boldsymbol{A}_{22}-\boldsymbol{A}_{12}^{\mathrm{T}}\boldsymbol{A}_{11}^{-1}\boldsymbol{A}_{12}$ 是半正定的. 而 $\det \boldsymbol{A}_{11}\neq 0$，所以 $\boldsymbol{A}_{11}$ 是正定的，因此，$\boldsymbol{A}_{11}^{-1}$ 是正定的，从而 $\boldsymbol{A}_{12}^{\mathrm{T}}\boldsymbol{A}_{11}^{-1}\boldsymbol{A}_{12}$ 是半正定的. 对半正定方阵 $\boldsymbol{B}=\boldsymbol{A}_{12}^{\mathrm{T}}\boldsymbol{A}_{11}^{-1}\boldsymbol{A}_{12}$ 和 $\boldsymbol{C}=\boldsymbol{A}_{22}-\boldsymbol{A}_{12}^{\mathrm{T}}\boldsymbol{A}_{11}^{-1}\boldsymbol{A}_{12}$，由命题 2，有

$$\begin{aligned}\det \boldsymbol{A}_{22}&=\det(\boldsymbol{B}+\boldsymbol{C})\geqslant \det \boldsymbol{B}+\det \boldsymbol{C}\\ &\geqslant \det \boldsymbol{C}=\det(\boldsymbol{A}_{22}-\boldsymbol{A}_{12}^{\mathrm{T}}\boldsymbol{A}_{11}^{-1}\boldsymbol{A}_{12})\end{aligned}$$

于是由式(2) 得到

$$\det \boldsymbol{A}\leqslant \det \boldsymbol{A}_{11}\det \boldsymbol{A}_{22}$$

即式(1) 成立.

设 $\boldsymbol{A}\begin{pmatrix}1 & 2 & \cdots & k\\ 1 & 2 & \cdots & k\end{pmatrix}=\boldsymbol{0}$，则 $\boldsymbol{A}$ 是半正定但不是正定的，因此 $\det \boldsymbol{A}=0$，所以式(1) 仍成立.

命题 4(Hadamard)　设 $\boldsymbol{A}=(a_{ij})$ 是 n 阶半正定对称方阵，证明

$$\det \boldsymbol{A}\leqslant a_{11}a_{22}\cdots a_{nn}$$

证　记

$$\mathbf{A}=\begin{pmatrix} a_{11} & \boldsymbol{\alpha} \\ \boldsymbol{\alpha}^{\mathrm{T}} & \mathbf{A}_1 \end{pmatrix}$$

其中 $\mathbf{A}_1$ 是 $n-1$ 阶方阵，则由命题 3，有

$$\det \mathbf{A} \leqslant a_{11} \det \mathbf{A}_1$$

由于 $\mathbf{A}$ 是半正定的，而 $\mathbf{A}_1$ 是 $\mathbf{A}$ 的 $n-1$ 阶主子矩阵，所以 $\mathbf{A}_1$ 是半正定的，注意

$$\mathbf{A}_1=\begin{pmatrix} a_{22} & a_{23} & \cdots & a_{2n} \\ a_{23} & a_{33} & \cdots & a_{3n} \\ \vdots & \vdots & & \vdots \\ a_{2n} & a_{3n} & \cdots & a_{nn} \end{pmatrix}$$

对半正定方阵 $\mathbf{A}_1$ 反复应用命题 3，有

$$\det \mathbf{A}_1 \leqslant a_{22} a_{33} \cdots a_{nn}$$

因此

$$\det \mathbf{A} \leqslant a_{11} \det \mathbf{A}_1 \leqslant a_{11} a_{22} \cdots a_{nn}$$

命题 5(Hadamard)　设 $\mathbf{A}=(a_{ij})$ 是 n 阶实方阵，证明

$$|\det \mathbf{A}| \leqslant \prod_{j=1}^{n} \left(\sum_{i=1}^{n} a_{ij}^2\right)^{1/2} \tag{3}$$

证　注意，方阵 $\mathbf{A}^{\mathrm{T}}\mathbf{A}$ 是半正定的. 记 $\mathbf{A}^{\mathrm{T}}\mathbf{A}=(b_{ij})$，则由命题 4，有

$$(\det \mathbf{A})^2=\det(\mathbf{A}^{\mathrm{T}}\mathbf{A}) \leqslant b_{11} b_{22} \cdots b_{nn}$$

由于 $(b_{ij})=\mathbf{A}^{\mathrm{T}}\mathbf{A}$，所以

$$b_{jj}=(a_{1j}, a_{2j}, \cdots, a_{nj})\begin{pmatrix} a_{1j} \\ a_{2j} \\ \vdots \\ a_{nj} \end{pmatrix}=\sum_{i=1}^{n} a_{ij}^2$$

于是

$$(\det \mathbf{A})^2 \leqslant \prod_{j=1}^{n}(\sum_{i=1}^{n} a_{ij}^2)$$

由此易知式(3)成立.

命题 6 设 $\mathbf{A}=(a_{ij})$ 是 n 阶实方阵，记 $M_{\mathbf{A}}=\max\{|a_{ij}|\,|1\leqslant i,j\leqslant n\}$，证明

$$|\det \mathbf{A}|\leqslant M_{\mathbf{A}}^n n^{n/2} \tag{4}$$

证 注意，方阵 $\mathbf{A}^{\mathrm{T}}\mathbf{A}$ 是半正定的. 记 $\mathbf{A}^{\mathrm{T}}\mathbf{A}=(b_{ij})$，则

$$b_{ij}=\sum_{k=1}^{n} a_{ki}a_{kj},\ 1\leqslant i,j\leqslant n$$

由 Hadamard 不等式(见命题 4)，有

$$(\det \mathbf{A})^2=\det(\mathbf{A}^{\mathrm{T}}\mathbf{A})\leqslant b_{11}b_{22}\cdots b_{nn}=\prod_{i=1}^{n}(\sum_{k=1}^{n} a_{ki}^2)$$

由于 $|a_{ij}|\leqslant M_{\mathbf{A}}$，所以

$$\sum_{k=1}^{n} a_{ki}^2\leqslant nM_{\mathbf{A}}^2$$

于是

$$(\det \mathbf{A})^2\leqslant n^n M_{\mathbf{A}}^{2n}$$

因此式(4)成立.

命题 7 设 $\mathbf{A}$ 是 n 阶正定对称方阵，证明

$$\det \mathbf{A}=\min\{\prod_{i=1}^{n}\boldsymbol{\alpha}_i^{\mathrm{T}}\mathbf{A}\boldsymbol{\alpha}_i\ |\boldsymbol{\alpha}_1,\boldsymbol{\alpha}_2,\cdots,\boldsymbol{\alpha}_n \text{ 是 } \mathbf{R}^n \text{ 的标准正交基}\} \tag{5}$$

其中 $\mathbf{R}^n$ 是 n 维实的列向量空间，且对 $\boldsymbol{\alpha},\boldsymbol{\beta}\in\mathbf{R}^n$，其内积为 $(\boldsymbol{\alpha},\boldsymbol{\beta})=\boldsymbol{\alpha}^{\mathrm{T}}\boldsymbol{\beta}$.

证 设 $\boldsymbol{\alpha}_1,\boldsymbol{\alpha}_2,\cdots,\boldsymbol{\alpha}_n$ 是 $\mathbf{R}^n$ 的标准正交基，则方阵 $\mathbf{O}=(\boldsymbol{\alpha}_1,\boldsymbol{\alpha}_2,\cdots,\boldsymbol{\alpha}_n)$ 是正交方阵，由于方阵 $\mathbf{A}$ 是正定的，所以 $\mathbf{O}^{\mathrm{T}}\mathbf{A}\mathbf{O}$ 是正定的. 注意方阵 $\mathbf{O}^{\mathrm{T}}\mathbf{A}\mathbf{O}$ 的对角元为

$\boldsymbol{\alpha}_1^{\mathrm{T}}\boldsymbol{A}\boldsymbol{\alpha}_1,\boldsymbol{\alpha}_2^{\mathrm{T}}\boldsymbol{A}\boldsymbol{\alpha}_2,\cdots,\boldsymbol{\alpha}_n^{\mathrm{T}}\boldsymbol{A}\boldsymbol{\alpha}_n$，于是由 Hadamard 不等式，有

$$\det \boldsymbol{A}=\det(\boldsymbol{O}^{\mathrm{T}}\boldsymbol{A}\boldsymbol{O})\leqslant \prod_{i=1}^{n}\boldsymbol{\alpha}_i^{\mathrm{T}}\boldsymbol{A}\boldsymbol{\alpha}_i \tag{6}$$

另外，设 $\lambda_1,\lambda_2,\cdots,\lambda_n$ 是方阵 $\boldsymbol{A}$ 的所有特征值，$\lambda_1\geqslant\lambda_2\geqslant\cdots\geqslant\lambda_n>0$，则存在 n 阶正交方阵 $\boldsymbol{O}_1$，使得

$$\boldsymbol{O}_1^{\mathrm{T}}\boldsymbol{A}\boldsymbol{O}_1=\mathrm{diag}(\lambda_1,\lambda_2,\cdots,\lambda_n) \tag{7}$$

将方阵 $\boldsymbol{O}_1$ 按列分块为 $\boldsymbol{O}_1=(\boldsymbol{\beta}_1,\boldsymbol{\beta}_2,\cdots,\boldsymbol{\beta}_n)$. 由于方阵 $\boldsymbol{O}_1$ 是正交的，所以 $\boldsymbol{\beta}_1,\boldsymbol{\beta}_2,\cdots,\boldsymbol{\beta}_n$ 是 $\mathbf{R}^n$ 的标准正交基，由式(7) 得到

$$\mathrm{diag}(\lambda_1,\lambda_2,\cdots,\lambda_n)=\begin{pmatrix}\boldsymbol{\beta}_1^{\mathrm{T}}\\ \boldsymbol{\beta}_2^{\mathrm{T}}\\ \vdots\\ \boldsymbol{\beta}_n^{\mathrm{T}}\end{pmatrix}\boldsymbol{A}(\boldsymbol{\beta}_1,\boldsymbol{\beta}_2,\cdots,\boldsymbol{\beta}_n)$$

$$=\begin{pmatrix}\boldsymbol{\beta}_1^{\mathrm{T}}\boldsymbol{A}\boldsymbol{\beta}_1 & \boldsymbol{\beta}_1^{\mathrm{T}}\boldsymbol{A}\boldsymbol{\beta}_2 & \cdots & \boldsymbol{\beta}_1^{\mathrm{T}}\boldsymbol{A}\boldsymbol{\beta}_n\\ \boldsymbol{\beta}_2^{\mathrm{T}}\boldsymbol{A}\boldsymbol{\beta}_1 & \boldsymbol{\beta}_2^{\mathrm{T}}\boldsymbol{A}\boldsymbol{\beta}_2 & \cdots & \boldsymbol{\beta}_2^{\mathrm{T}}\boldsymbol{A}\boldsymbol{\beta}_n\\ \vdots & \vdots & & \vdots\\ \boldsymbol{\beta}_n^{\mathrm{T}}\boldsymbol{A}\boldsymbol{\beta}_1 & \boldsymbol{\beta}_n^{\mathrm{T}}\boldsymbol{A}\boldsymbol{\beta}_2 & \cdots & \boldsymbol{\beta}_n^{\mathrm{T}}\boldsymbol{A}\boldsymbol{\beta}_n\end{pmatrix}$$

因此

$$\boldsymbol{\beta}_i^{\mathrm{T}}\boldsymbol{A}\boldsymbol{\beta}_j=\lambda_j\delta_{ij},1\leqslant i,j\leqslant n$$

其中 $\delta_{ij}=0,i\neq j$ 且 $\delta_{ii}=1$，于是

$$\det \boldsymbol{A}=\lambda_1\lambda_2\cdots\lambda_n=\prod_{i=1}^{n}\boldsymbol{\beta}_i^{\mathrm{T}}\boldsymbol{A}\boldsymbol{\beta}_i$$

这说明，对 $\mathbf{R}^n$ 的标准正交基 $\boldsymbol{\beta}_1,\boldsymbol{\beta}_2,\cdots,\boldsymbol{\beta}_n$，式(1) 中等式成立，因此式(1) 成立.

关于 Hadamard 不等式的注记[①]

第 3 章

§1 引 言

如前面所述：

Hadamard **定理** 如果 $\boldsymbol{A}$ 是 n 阶对称半正定矩阵，那么 $\det \boldsymbol{A} \leqslant a_{11}a_{22}\cdots a_{nn}$，等号成立的充要条件是 $\boldsymbol{A}$ 为对角矩阵，或 $\boldsymbol{A}$ 有一行或 $\boldsymbol{A}$ 有一列全为零.

进一步给出上述 Hadamard 不等式更为广泛的 Fisher 不等式：若 $\boldsymbol{A}$ 为 n 阶对称半正定矩阵，则有 $\det \boldsymbol{A} \leqslant \det \boldsymbol{A}[i_1,\cdots,i_k]\det \boldsymbol{A}(i_1,\cdots,i_k)$，其中 $\boldsymbol{A}[i_1,\cdots,i_k]$ 表示由 $\boldsymbol{A}$ 的第 $i_1,\cdots,i_k$ 行，第 $i_1,\cdots,i_k$ 列组成的 k 阶主子矩阵，$\boldsymbol{A}(i_1,\cdots,i_k)$ 表示画去 $\boldsymbol{A}$ 的第 $i_1,\cdots,i_k$ 行，第 $i_1,\cdots,i_k$ 列所剩下的 $n-k$ 阶主子矩阵. 目前已知还有一些其他类矩阵满足 Fisher 不等式，如 $\tau-$矩阵类、完全非负矩阵类、$M-$矩阵类，等等.

① 摘自《应用数学学报》，1997，20(2)：269-273.

安徽大学数学系的张晓东、杨尚骏两位教授1997年对所有这些类矩阵统一地加以考虑和研究，在§2中给出它们的Hadamard不等式的改进，在§3中讨论Hadamard不等式等号成立的充要条件，在§4中讨论Hadamard不等式等号成立的矩阵的零型结构.

我们首先给出如下定义：

定义 n阶矩阵$\mathbf{A}$称为F－矩阵，如果$\mathbf{A}$的所有阶主子式都大于或等于零，且$\mathbf{A}$的任何主子矩阵都满足Fisher不等式.

从定义可知对称半正定矩阵显然为F－矩阵，τ－矩阵、完全非负矩阵、M－矩阵都是F－矩阵.因此F－矩阵是包含许多有用矩阵类的一个矩阵类.

§2 F－矩阵的Hadamard不等式的改进

引理1 设n阶矩阵$\mathbf{A}=(a_{ij})$是F－矩阵，则

$$a_{ij}a_{ji}\geqslant 0, i,j\in\mathbf{N}=\{1,2,\cdots,n\} \qquad (1)$$

$$a_{11}a_{22}\cdots a_{nn}\geqslant\left(\left[\prod_{i=1}^{n}a_{i\sigma(i)}a_{\sigma(i)i}\right]\right)^{1/2}, \forall\sigma\in S_n \qquad (2)$$

其中S_n是关于$\{1,2,\cdots,n\}$的置换群.

证 (1)当$i=j$时，$a_{ij}a_{ji}=a_{ii}^2\geqslant 0$；当$i\neq j$时，由于$\mathbf{A}$是$F$－矩阵，$\mathbf{A}[i,j]$满足Fischer不等式

$$\det\mathbf{A}[i,j]=a_{ii}a_{jj}-a_{ij}a_{ji}\leqslant\det\mathbf{A}[i]\det\mathbf{A}[j]=a_{ii}a_{jj}$$

因此$a_{ij}a_{ji}\geqslant 0$，式(1)成立.

(2)$\forall\sigma\in S_n$，由于$\mathbf{A}$为F－矩阵，故$\det\mathbf{A}[i,\sigma(i)]\geqslant 0$，$\forall i\neq\sigma(i)$，即$a_{ii}a_{\sigma(i)\sigma(i)}\geqslant a_{i\sigma(i)}a_{\sigma(i)i}$，$\forall i\neq\sigma(i)$.又当$i=\sigma(i)$时，$a_{ii}a_{\sigma(i)\sigma(i)}=a_{i\sigma(i)}a_{\sigma(i)i}$. 因此，由(1)得

$a_{ii}a_{\sigma(i)\sigma(i)} \geqslant a_{i\sigma(i)}a_{\sigma(i)i} \geqslant 0, \forall i \in \mathbf{N}$,把这 n 个不等式相乘得 $(a_{11}a_{22}\cdots a_{nn})^2 \geqslant \prod_{i=1}^{n} a_{i\sigma(i)}a_{\sigma(i)i}$,即(2) 成立.

定理 1 设 n 阶矩阵 $\mathbf{A}$ 是 F — 矩阵,则

$$\det \mathbf{A} \leqslant a_{11}a_{22}\cdots a_{nn} - \left(\left[\prod_{i=1}^{n} a_{i\sigma(i)}a_{\sigma(i)i}\right]\right)^{1/2}$$

$$\forall \sigma \in S_n \backslash \{1\} \tag{3}$$

其中 1 为 S_n 的单位元.

证 如果 $\prod_{i=1}^{n} a_{i\sigma(i)}a_{\sigma(i)i} = 0$ 或 $n=2$,那么由于 $\mathbf{A}$ 为 F — 矩阵,则(3) 显然成立.

假设 $\prod_{i=1}^{n} a_{i\sigma(i)}a_{\sigma(i)i} > 0$ 或 $n \geqslant 3$. 首先证明下列论断:

对每个 $1 \neq \sigma \in S_n$,存在 $k \neq \sigma(k)$,使得

$$\left(\left[\prod_{i=1}^{n} a_{i\sigma(i)}a_{\sigma(i)i}\right]\right)^{1/2} \leqslant a_{k\sigma(k)}a_{\sigma(k)k} \prod_{i=1, i\neq k, \sigma(k)}^{n} a_{ii} \tag{4}$$

事实上,若不是这样,则有 $T = \{k \in \mathbf{N}, k \neq \sigma(k)\} \neq \varnothing$,使得对每个 $k \in T$,满足下列不等式

$$\left(\left[\prod_{i=1}^{n} a_{i\sigma(i)}a_{\sigma(i)i}\right]\right)^{1/2} > a_{k\sigma(k)}a_{\sigma(k)k} \prod_{i=1, i\neq k, \sigma(k)}^{n} a_{ii}$$

把上式两边对 $|T|$($|T|$ 表示集合 T 的元素的个数)个不等式相乘得

$$\left(\left[\prod_{i=1}^{n} a_{i\sigma(i)}a_{\sigma(i)i}\right]\right)^{|T|/2} > \prod_{k\in T}\left[a_{k\sigma(k)}a_{\sigma(k)k} \prod_{i=1, i\neq k, \sigma(k)}^{n} a_{ii}\right]$$

令 $S = \mathbf{N} \backslash T$,当 $S \neq \varnothing$ 时,有

$$\left(\left[\prod_{i\in T} a_{i\sigma(i)}a_{\sigma(i)i}\right]\right)^{|T|/2}\left(\left[\prod_{i\in S} a_{ii}\right]\right)^{|T|}$$

$$> \prod_{i\in T} a_{i\sigma(i)}a_{\sigma(i)i}\left(\left[\prod_{i\in S} a_{ii}\right]\right)^{|T|} \prod_{i\in T} a_{ii}^{|T|-2}$$

当 $S=\varnothing$ 时，有

$$\left(\left[\prod_{i\in T}^{n} a_{i\sigma(i)}a_{\sigma(i)i}\right]\right)^{|T|/2} > \prod_{i\in T} a_{i\sigma(i)}a_{\sigma(i)i}\prod_{i\in T} a_{ii}^{|T|-2}$$

因此容易证明，在这两种情形下，下列不等式

$$\left(\left[\prod_{i\in T} a_{i\sigma(i)}a_{\sigma(i)i}\right]\right)^{1/2} > \prod_{i\in T} a_{ii}$$

都成立. 另外，$\mathbf{A}[T]$ 也是 F－矩阵，由引理 1 知 $\left(\left[\prod_{i\in T} a_{i\sigma(i)}a_{\sigma(i)i}\right]\right)^{1/2} \leqslant \prod_{i\in T} a_{ii}$，矛盾，所以对每个 $1\neq\sigma\in S_n$，存在 $k\neq\sigma(k)$ 使得不等式(4) 成立，由于 $\mathbf{A}$ 为 F－矩阵，故

$$\begin{aligned}\det\mathbf{A} &\leqslant \det\mathbf{A}[k,\sigma(k)]\det\mathbf{A}(k,\sigma(k))\\ &\leqslant [a_{kk}a_{\sigma(k)\sigma(k)} - a_{k\sigma(k)}a_{\sigma(k)k}]\prod_{i=1,i\neq k,\sigma(k)}^{n} a_{ii}\\ &= \prod_{i=1}^{n} a_{ii} - a_{k\sigma(k)}a_{\sigma(k)k}\prod_{i=1,i\neq k,\sigma(k)}^{n} a_{ii}\\ &\leqslant a_{11}a_{22}\cdots a_{nn} - \left(\left[\prod_{i=1}^{n} a_{i\sigma(i)}a_{\sigma(i)i}\right]\right)^{1/2}\end{aligned}$$

命题得证.

推论 1　在对称半正定矩阵(完全非负矩阵、τ－矩阵、M－矩阵)类中成立比 Hadamard不等式更强的不等式(3).

§3　Hadamard 不等式等号成立的充要条件

定理 2　设 n 阶矩阵 $\mathbf{A}=(a_{ij})$ 是 F－矩阵. 若 $a_{ii}>0$，$\forall i\in\mathbf{N}$，则下列条件等价：

(1) $\det\mathbf{A}=a_{11}a_{22}\cdots a_{nn}$.

(2) 除主对角线外，$\boldsymbol{A}$ 的每条对角线都有一个零元.

(3) $\boldsymbol{A}$ 的所有主子矩阵的每条对角线，除主对角线外，都有一个零元.

(4) 令 S_n 表示前 n 个正整数的置换群，则对每个 s 阶循环 $\sigma=(i_1,\cdots,i_s)\in S_n$，$2\leqslant s\leqslant n$，有

$$a_{i_1i_2}a_{i_2i_3}\cdots a_{i_{s-1}i_s}a_{i_si_1}=0$$

证　显然 (4)⇒(3)⇒(2)⇒(1)，故只需证明 (1)⇒(4). 我们对 s 使用归纳法.

当 $s=2$ 时，由定理 1 知

$$\det \boldsymbol{A}\leqslant a_{11}a_{22}\cdots a_{nn}-(a_{i_1i_2}a_{i_2i_1})^{1/2}a_{i_3i_3}\cdots a_{i_ni_n}$$
$$\forall\,\sigma=(i_1i_2)\in S_n$$

因此，若 $\det \boldsymbol{A}=a_{11}a_{22}\cdots a_{nn}$，则 $(a_{i_1i_2}a_{i_2i_1})^{1/2}a_{i_3i_3}\cdots a_{i_ni_n}=0$. 又因为 $a_{i_3i_3}>0,\cdots,a_{i_ni_n}>0$，所以 $a_{i_2i_1}a_{i_1i_2}=0$，即当 $s=2$ 时结论成立.

假设 $s>2$ 并对于小于 s 的情形结论成立. 设有 $\sigma=(i_1,\cdots,i_s)\in S_n$，使得 $a_{i_1i_2}\cdots a_{i_si_1}\neq 0$，则

$$a_{i_1i_2}\neq 0,a_{i_2i_3}\neq 0,\cdots,a_{i_si_1}\neq 0 \tag{5}$$

由 $(i_1i_2),(i_3i_1i_2),\cdots,(i_{s-1}i_1\cdots i_{s-2})$ 分别为 $2,\cdots,(s-1)$ 阶循环置换及归纳假设知

$$a_{i_1i_2}a_{i_2i_1}=0,\cdots,a_{i_{s-1}i_1}a_{i_1i_2}\cdots a_{i_{s-2}i_{s-1}}=0 \tag{6}$$

由 (5) 和 (6) 直接推出 $a_{i_ki_1}=0$，$k=2,\cdots,s-1$. 类似地，由 $(i_3i_2),\cdots,(i_si_2\cdots i_{s-1})$ 分别为 $2,\cdots,(s-1)$ 阶循环置换及归纳假设知

$$a_{i_3i_2}a_{i_2i_3}=0,\cdots,a_{i_si_2}\cdots a_{i_{s-1}i_2}=0$$

可以推出 $a_{i_ki_2}=0$，$k=3,\cdots,s$，依此类推，得 $a_{i_ki_j}=0$，$j=1,\cdots,s$，$k\neq j,j-1$，故

$$\det \mathbf{A}[i_1,\cdots,i_s]=a_{i_1i_1}\cdots a_{i_si_s}-a_{i_1i_2}a_{i_2i_3}\cdots a_{i_si_1} \quad (7)$$

另外,因 $\mathbf{A}$ 为 F－矩阵,故由(3)知

$$\prod_{i=1}^{n}a_{ii}=\det \mathbf{A}\leqslant \det \mathbf{A}[i_1,\cdots,i_s]\det \mathbf{A}(i_1,\cdots,i_s)$$

$$\leqslant \det \mathbf{A}[i_1,\cdots,i_s]\prod_{j=1,j\neq i_t,t=1,\cdots,s}^{n}a_{jj}$$

$$\leqslant \prod_{i=1}^{n}a_{ii}$$

由此推出 $\det \mathbf{A}[i_1,\cdots,i_s]=a_{i_1i_1}\cdots a_{i_si_s}$,从而由(7)得到 $a_{i_1i_2}\cdots a_{i_si_1}=0$,矛盾,所以(6)成立.

引理2　设 $\mathbf{A}$ 为 F－矩阵,且 $\mathbf{A}$ 的主对角线上至少有一个零元,则 $\det \mathbf{A}=a_{11}a_{22}\cdots a_{nn}$ 的充要条件是 $\mathbf{A}$ 的每条对角线都有一个零元.

证　充分性显然. 对阶数 n 使用归纳法证明必要性.

当 $n=2$ 时,由于 $\mathbf{A}$ 为 F－矩阵,故 $0\leqslant \det \mathbf{A}=a_{11}a_{22}-a_{12}a_{21}=-a_{12}a_{21}$. 又由引理1知 $a_{12}a_{21}\geqslant 0$,故 $a_{12}a_{21}=0$,从而 $\mathbf{A}$ 的每条对角线有一个零元.

假设阶数小于 n 时结论成立. 考虑 n 阶方阵 $\mathbf{A}$ 的任意一条对角线 $a_{1\sigma(1)},\cdots,a_{n\sigma(n)}$,其中 $\sigma\in S_n$.

情形1:σ 不是 n 阶循环置换,将 σ 分成不相交循环置换乘积 $\sigma=\sigma_1\cdots\sigma_l$,$l\geqslant 2$. 设主对角线零元 $a_{i_1i_1}$ 的 i_1 属于 σ_t,$1\leqslant t\leqslant l$,不妨设 $\sigma_t=(i_1,\cdots,i_k)$,$k<n$,显然 $\mathbf{A}$ 的主子矩阵 $\mathbf{A}[i_1,\cdots,i_k]$ 是 F－矩阵,且主对角线上含有零元. 由归纳假设知 $a_{i_1i_2},\cdots,a_{i_ki_1}$ 中至少有一个零元,从而 $a_{1\sigma(1)},\cdots,a_{n\sigma(n)}$ 中含有零元,结论成立.

情形2:σ 是 n 阶循环置换,$\sigma=(i_1i_2\cdots i_n)$,$i_j\neq i_k$,$j\neq k$. 假设 $a_{1\sigma(1)},\cdots,a_{n\sigma(n)}$ 中无零元. 显然 $a_{i_2i_1}$,$a_{i_1i_2}$;

$a_{i_3i_1}, a_{i_1i_2}, a_{i_2i_3}; \cdots; a_{i_{n-1}i_1}, \cdots, a_{i_{n-2}i_{n-1}}$ 分别是主对角线上含有零元的$F-$矩阵，$\boldsymbol{A}[i_1, i_2], \cdots, \boldsymbol{A}[i_1, \cdots, i_{n-1}]$的对角线上的元素，由归纳假设知 $a_{i_ji_1}=0, j=2, \cdots, n-1$. 类似定理 2 的证明同样可得 $a_{i_ki_j}=0, j\leqslant k-2, j=1, \cdots, n-2, k=3, \cdots, n$. 因此 $\det \boldsymbol{A}=-a_{i_1i_2}\cdots a_{i_ni_1}\neq 0$ 与 $\det \boldsymbol{A}=0$ 矛盾. 故 $a_{1\sigma(1)}, \cdots, a_{n\sigma(n)}$ 中必含有零元. 由归纳原理知 $\boldsymbol{A}$ 的每条对角线都有一个零元.

由引理 2 和定理 2 立即可得：

定理 3 设 n 阶矩阵 $\boldsymbol{A}$ 为 $F-$矩阵，则 Hadamard 不等式等号成立的充要条件是除主对角线外，$\boldsymbol{A}$ 的每条对角线都含有零元.

注 由引理 2 不一定能推出 $\boldsymbol{A}$ 的所有主子矩阵的每条对角线都含有零元. 例如：$\boldsymbol{A}=\begin{pmatrix}0 & 0 & 0\\ 0 & 2 & 4\\ 0 & 2 & 8\end{pmatrix}$ 显然是 $F-$矩阵，但 $\boldsymbol{A}[2,3]$ 的每条对角线都不含有零元.

推论 2 对称半正定矩阵、完全非负矩阵、$\tau-$矩阵和 $M-$矩阵的 Hadamard 不等式等号成立的充要条件是它们的每条对角线除主对角线外都含有零元.

推论 3 如果 n 阶 $F-$矩阵 $\boldsymbol{A}=(a_{ij})$ 满足 $a_{11}a_{22}\cdots a_{nn}>0$ 和 $a_{ij}=0\Rightarrow a_{ji}=0$，则 Hadamard 不等式等号成立的充要条件是 $\boldsymbol{A}$ 为对角矩阵.

证 充分性显然.

必要性. 由定理 2 知 $a_{ij}a_{ji}=0, \forall i\neq j$，故 $a_{ij}=0, \forall i\neq j$，即 $\boldsymbol{A}$ 为对角矩阵.

§4 奇异 $F-$ 矩阵的零型结构

我们首先证明类似于经典的 Frobenius-Konig 定理的结果.

引理 3 $\boldsymbol{A}$ 是 n 阶非负矩阵(即 $\boldsymbol{A}$ 的每个元素均为非负的),$a_{ii}>0,i\in\mathbf{N}$,则下列条件等价:

(1)per $\boldsymbol{A}=a_{11}\cdots a_{nn}$(per $\boldsymbol{A}=\sum\limits_{i_1,i_2,\cdots,i_n}a_{1i_1}a_{2i_2}\cdots a_{ni_n}$,$i_1,i_2,\cdots,i_n$ 是 $1,2,\cdots,n$ 的任一排列).

(2)$\boldsymbol{A}$ 的每个主子矩阵的每条对角线,除主对角线外,都含有零元.

(3)$\boldsymbol{A}$ 的每个 m 阶主子矩阵 $\boldsymbol{A}_m$ 都含有 $s\times(m-s)(1\leqslant s<m,1\leqslant m\leqslant n)$ 的零子矩阵.

(4)$\boldsymbol{A}$ 的每个主子矩阵都是可约的(约定任意 1×1 矩阵是可约的).

证 (1)$\Rightarrow$(2).假设除主对角线外,$\boldsymbol{A}$ 有一个主子矩阵的一条对角线不含有零元,设为 $a_{i_1i_2},\cdots,a_{i_ki_1}$,其中 $2\leqslant k\leqslant n$,则

$$\begin{aligned}\text{per }\boldsymbol{A}&\geqslant a_{11}a_{22}\cdots a_{nn}+a_{i_1i_2}\cdots a_{i_ki_1}a_{i_{k+1}i_{k+1}}\cdots a_{i_ni_n}\\&>a_{11}\cdots a_{nn}\end{aligned}$$

矛盾,故(2)成立.

(2)$\Rightarrow$(3).只需证明 $m=n$ 时(3)成立即可.令 $\boldsymbol{B}=\boldsymbol{A}-a_{11}\boldsymbol{E}_{11}$,其中 $\boldsymbol{E}_{11}$ 为(1,1)元是1,其余元均为0的 n 阶方阵.易知 $\boldsymbol{B}$ 的每条对角线都含有零元,则由 Frobenius-Konig 定理知 $\boldsymbol{B}$ 中有 $u\times(n+1-u)$ 零子矩阵.故 $\boldsymbol{A}$ 含有 $s\times(n-s)$ 零子矩阵,即(3)成立.

(3)⇒(4). 设 $\boldsymbol{A}_m$ 是 $\boldsymbol{A}$ 的任一 m 阶主子矩阵，$1 \leqslant m \leqslant n$，则存在 $\boldsymbol{A}_m$ 的零子矩阵 $\boldsymbol{A}[i_1, \cdots, i_s \mid j_{s+1}, \cdots, j_m]$，$i_1 < i_2 < \cdots < i_s, j_{s+1} < \cdots < j_m$. 由于 $\boldsymbol{A}_m$ 的主对角线不等于 0，故 $i_1, \cdots, i_s$ 与 $j_{s+1}, \cdots, j_m$ 互不相等，即 $\boldsymbol{A}_m$ 是可约的.

(4)⇒(1). 当 $n = 2$ 时，若 $\boldsymbol{A}$ 是可约的，则必有 $a_{12}a_{21} = 0$，从而 per $\boldsymbol{A} = a_{11}a_{22}$. 假设 $n > 2$，并且对阶数小于 n 时结论成立. 考虑满足条件(4)的 n 阶矩阵 $\boldsymbol{A}$，由假设知存在置换阵 $\boldsymbol{P}$ 使得 $\boldsymbol{P}^{\mathrm{T}}\boldsymbol{A}\boldsymbol{P} = \begin{pmatrix} \boldsymbol{B} & \boldsymbol{C} \\ \boldsymbol{0} & \boldsymbol{D} \end{pmatrix}$，其中 $\boldsymbol{B}, \boldsymbol{D}$ 是方阵，于是 per $\boldsymbol{A} = \operatorname{per}(\boldsymbol{P}^{\mathrm{T}}\boldsymbol{A}\boldsymbol{P}) = \operatorname{per} \boldsymbol{B} \operatorname{per} \boldsymbol{D}$，由归纳假设知 per $\boldsymbol{B} = b_{11}, \cdots, b_{ss}$，per $\boldsymbol{D} = d_{11} \cdots d_{tt}$，其中 $\{b_{11}, \cdots, b_{ss}, d_{11}, \cdots, d_{tt}\}$ 构成 $\boldsymbol{A}$ 的主对角元集，故(1)成立.

定理 4 设 n 阶矩阵 $\boldsymbol{A}$ 为 F － 矩阵.

(1) 若 $a_{ii} > 0, \forall i \in \mathbf{N}$，则 $\det \boldsymbol{A} = a_{11} \cdots a_{nn}$ 当且仅当 $\boldsymbol{A}$ 的每个 $m(> 1)$ 阶主子矩阵都含有 $s \times (m - s)$ $(1 \leqslant s < m)$ 零子矩阵.

(2) 若有某个 $a_{ii} = 0$，则 $\det \boldsymbol{A} = a_{11} \cdots a_{nn}$ 当且仅当 $\boldsymbol{A}$ 含有 $s \times (n + 1 - s)$ 零子矩阵.

证 (1) 充分性. 令 $|\boldsymbol{A}| = (|a_{ij}|)$，则由引理 3 知，除主对角线外，$|\boldsymbol{A}|$ 的每条对角线都含有零元. 因此，除主对角线外，$\boldsymbol{A}$ 的每条对角线都含有零元，故结论成立.

必要性. 若 $a_{ii} > 0, \forall i \in \mathbf{N}$ 和 $\det \boldsymbol{A} = a_{11} \cdots a_{nn}$，则由定理 2 知 $\boldsymbol{A}$ 的所有主子矩阵的每条对角线，除主对角线外，都含有零元，于是由引理 3 知 $\boldsymbol{A}$ 的任一 m 阶主

子式有 $s\times(m-s)(1\leqslant s\leqslant m)$ 零子矩阵.

(2) 充分性. 令 $|\mathbf{A}|=(a_{ij})$,则 $|\mathbf{A}|$ 有 $s\times(n+1-s)$ 零子矩阵且 per $\mathbf{A}=0$,从而 $|\mathbf{A}|$ 的每条对角线都含有零元. 因此 $\mathbf{A}$ 的每条对角线都含有零元,故结论成立.

必要性. 若 $\det\mathbf{A}=a_{11}\cdots a_{nn}$,则由引理 2 知矩阵 $\mathbf{A}$,进而 $|\mathbf{A}|$ 的每条对角线都含有零元,因此 per $|\mathbf{A}|=0$,即可推出 $|\mathbf{A}|$,进而 $\mathbf{A}$ 含有一个 $s\times(n+1-s)$ 零子矩阵,其中 $0<s\leqslant n$.

由定理 4(2) 可得,可用零型结构来刻画奇异 $F-$矩阵的下列有趣结果:

推论 4　若 $F-$矩阵 $\mathbf{A}$ 的主对角线含有零元,则 $\mathbf{A}$ 为奇异矩阵,并且含有一个 $s\times(n+1-s)$ 的零子矩阵,其中 $1\leqslant s\leqslant n$.

由此可看出:n 阶 $F-$矩阵含有零主对角元的充要条件是它含有一个行数、列数之和为 $n+1$ 的零子矩阵,或由引理 3 知它的每个主子矩阵都是可约的.

Hadamard 不等式的几何意义①

第4章

§1 引 言

设 $\boldsymbol{A}=(x_{ij})_{n\times n}$ 为 n 阶方阵，则经典的 Hadamard 定理可表示为

$$\det(\boldsymbol{A})\leqslant\sqrt{\prod_{i=1}^{n}\left(\sum_{j=1}^{n}x_{ij}^{2}\right)}$$

其中等号成立当且仅当对于不同的 k,j，$\sum_{m=1}^{n}x_{km}x_{jm}=0$ 或行列式 $|\boldsymbol{A}|$ 中至少有一行全为 0.

Hadamard 定理是代数中一个非常重要的定理，西南大学数学与统计学院的曾春娜、徐文学、周家足三位教授 2010 年给出了 Hadamard 定理的几何化证明，并对其进行了改进.

① 摘自《数学杂志》，2010，30(1)：152-156.

§2　Hadamard 不等式的几何意义

首先，介绍下面的引理.

引理 1　$\mathbf{R}^n$ 中由 n 个向量 $\boldsymbol{x}_i=(x_{i1},x_{i2},\cdots,x_{in})$ $(i=1,2,\cdots,n)$ 张成的平行 $2n$ 面体记为 $E[\boldsymbol{x}_1,\boldsymbol{x}_2,\cdots,\boldsymbol{x}_n]$，适当选择诸向量 $\boldsymbol{x}_i$ 的顺序后，$E[\boldsymbol{x}_1,\boldsymbol{x}_2,\cdots,\boldsymbol{x}_n]$ 的体积为(参见文献[3])

$$\mathrm{Vol}(E[\boldsymbol{x}_1,\boldsymbol{x}_2,\cdots,\boldsymbol{x}_n])=\det\begin{pmatrix}x_{11} & x_{12} & \cdots & x_{1n}\\ x_{21} & x_{22} & \cdots & x_{2n}\\ \vdots & \vdots & & \vdots\\ x_{n1} & x_{n2} & \cdots & x_{nn}\end{pmatrix}$$

事实上，当平行 $2n$ 面体 $E[\boldsymbol{x}_1,\boldsymbol{x}_2,\cdots,\boldsymbol{x}_n]$ 的棱互相垂直时，$\mathrm{Vol}(E[\boldsymbol{x}_1,\boldsymbol{x}_2,\cdots,\boldsymbol{x}_n])$ 等于棱长的乘积. 设以每条棱的坐标为行组成矩阵 $\mathbf{A}$，则矩阵 $\mathbf{A}$ 的行互相正交，从而

$$\begin{aligned}\mathbf{AA}^{\mathrm{T}}&=\begin{pmatrix}x_{11} & x_{12} & \cdots & x_{1n}\\ x_{21} & x_{22} & \cdots & x_{2n}\\ \vdots & \vdots & & \vdots\\ x_{n1} & x_{n2} & \cdots & x_{nn}\end{pmatrix}\cdot\begin{pmatrix}x_{11} & x_{21} & \cdots & x_{n1}\\ x_{12} & x_{22} & \cdots & x_{n2}\\ \vdots & \vdots & & \vdots\\ x_{1n} & x_{2n} & \cdots & x_{nn}\end{pmatrix}\\ &=\begin{pmatrix}\boldsymbol{x}_1\cdot\boldsymbol{x}_1 & \boldsymbol{x}_1\cdot\boldsymbol{x}_2 & \cdots & \boldsymbol{x}_1\cdot\boldsymbol{x}_n\\ \boldsymbol{x}_2\cdot\boldsymbol{x}_1 & \boldsymbol{x}_2\cdot\boldsymbol{x}_2 & \cdots & \boldsymbol{x}_2\cdot\boldsymbol{x}_n\\ \vdots & \vdots & & \vdots\\ \boldsymbol{x}_n\cdot\boldsymbol{x}_1 & \boldsymbol{x}_n\cdot\boldsymbol{x}_2 & \cdots & \boldsymbol{x}_n\cdot\boldsymbol{x}_n\end{pmatrix}\end{aligned}$$

$$=\begin{pmatrix} \|\boldsymbol{x}_1\|^2 & 0 & \cdots & 0 \\ 0 & \|\boldsymbol{x}_2\|^2 & \cdots & 0 \\ \vdots & \vdots & & \vdots \\ 0 & 0 & \cdots & \|\boldsymbol{x}_n\|^2 \end{pmatrix}$$

其中 $\|\boldsymbol{x}_i\| = \sqrt{(x_{i1})^2+(x_{i2})^2+\cdots+(x_{in})^2}$,$1 \leqslant i \leqslant n$. 对上式取行列式,得

$$\det \boldsymbol{A} = \|\boldsymbol{x}_1\| \cdot \|\boldsymbol{x}_2\| \cdot \cdots \cdot \|\boldsymbol{x}_n\|$$

因此,行列式的值等于体积.

当棱不互相垂直时,其体积不再等于棱长的乘积. 首先,在 $\mathbf{R}^2$ 上,如图 1 所示.

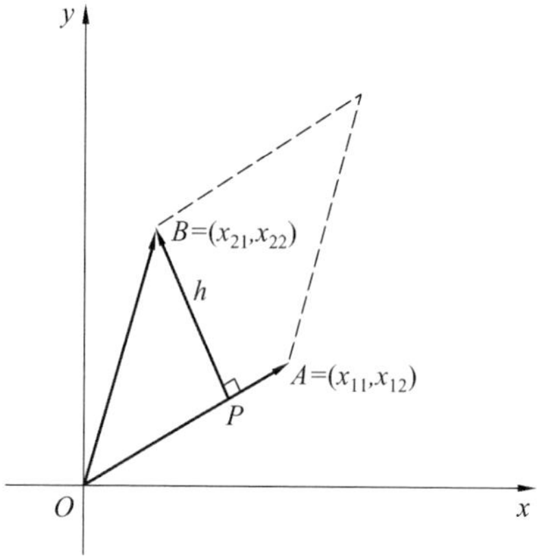

图 1

平行四边形的面积等于以 $|\overrightarrow{OA}|$,$|\overrightarrow{PB}|$ 为棱的矩阵的面积,即以 $|\overrightarrow{OA}|$,$|\overrightarrow{PB}|$ 为坐标所成矩阵的行列式. 事实上,$\overrightarrow{PB}=\overrightarrow{OB}-\overrightarrow{OP}$,$\overrightarrow{OP}$ 是$\overrightarrow{OB}$ 在$\overrightarrow{OA}$ 上的投影且是$\overrightarrow{OA}$ 的倍数. 由行列式的性质,知$\overrightarrow{OA}$,$\overrightarrow{PB}$ 所成行列式等于$\overrightarrow{OA}$,$\overrightarrow{OB}$ 所成行列式. 将 2 维时的考虑方式

应用到 n 维,依次从第 $2,3,\cdots,n$ 行减去它在前面各行所成空间上的投影(即形成相当于 2 维时的高),最终得到相互正交的行,这些相互正交的行所成的行列式和所成体积与原来的相等,故平行 $2n$ 面体的体积也等于行列式.

从而 Hadamard 不等式的左边可以看成以 $\mathbf{R}^n$ 中 n 个向量 $\boldsymbol{x}_1,\boldsymbol{x}_2,\cdots,\boldsymbol{x}_n$ 为棱构成的平行 $2n$ 面体的体积,右边恰为 $\boldsymbol{x}_1,\boldsymbol{x}_2,\cdots,\boldsymbol{x}_n$ 两两正交所成的平行 $2n$ 面体的体积. 因此,Hadamard 不等式的几何意义可以理解为:对于 $E[\boldsymbol{x}_1,\boldsymbol{x}_2,\cdots,\boldsymbol{x}_n]$,如果保持它各棱的长度不变,改变棱与棱之间的角度,即让它发生一定的形变,但还为平行 $2n$ 面体,那么当棱互相垂直时,体积最大. 如果记棱相互垂直,平行 $2n$ 面体的棱向量分别为 $\boldsymbol{x}'_1$, $\boldsymbol{x}'_2,\cdots,\boldsymbol{x}'_n$时的体积为 $\mathrm{Vol}(E[\boldsymbol{x}'_1,\boldsymbol{x}'_2,\cdots,\boldsymbol{x}'_n])$,那么 Hadamard 不等式可写成

$$\mathrm{Vol}(E[\boldsymbol{x}_1,\boldsymbol{x}_2,\cdots,\boldsymbol{x}_n])\leqslant \mathrm{Vol}(E[\boldsymbol{x}'_1,\boldsymbol{x}'_2,\cdots,\boldsymbol{x}'_n])$$

§3　Hadamard 不等式的改进

Hadamard 不等式的几何表示为 $\mathrm{Vol}(E[\boldsymbol{x}_1,\boldsymbol{x}_2,\cdots,\boldsymbol{x}_n])\leqslant \mathrm{Vol}(E[\boldsymbol{x}'_1,\boldsymbol{x}'_2,\cdots,\boldsymbol{x}'_n])$,等号成立的充要条件为 $\{\boldsymbol{x}_i\}(i=1,2,\cdots,n)$ 互相正交.

定理 1　设 $\mathrm{Vol}(E[\boldsymbol{x}_1,\boldsymbol{x}_2,\cdots,\boldsymbol{x}_n])$ 为平行 $2n$ 面体 $E[\boldsymbol{x}_1,\boldsymbol{x}_2,\cdots,\boldsymbol{x}_n]$ 的体积,则下列不等式成立

$$\mathrm{Vol}(E[\boldsymbol{x}_1,\boldsymbol{x}_2,\cdots,\boldsymbol{x}_n])$$

$$\leqslant \prod_{k=1}^{n} \|\boldsymbol{x}_k\| \cdot \left(\frac{1}{n-1}\sum_{i=2}^{n}\sin\langle s_{i-1},\boldsymbol{x}_i\rangle\right)^{n-1} \tag{1}$$

其中 s_i 为由向量 $\boldsymbol{x}_1,\cdots,\boldsymbol{x}_i(i=1,2,\cdots,n)$ 所张成的子空间，$\langle \boldsymbol{x}_i,s_{i-1}\rangle$ 表示棱向量 $\boldsymbol{x}_i$ 与子空间 s_{i-1} 所成的角，当 $n=2$ 时，等号恒成立，当 $n\geqslant 3$ 时，当且仅当 $\boldsymbol{x}_1,\boldsymbol{x}_2,\cdots,\boldsymbol{x}_n$ 为正交系时等号成立.

先介绍下列引理.

引理 2(参见文献[2]) 对于子空间 s_i，$2\leqslant i\leqslant n$，有

$$\mathrm{Vol}(E[\boldsymbol{x}_1,\boldsymbol{x}_2,\cdots,\boldsymbol{x}_n])=\left(\prod_{k=1}^{n}\|\boldsymbol{x}_k\|\right)\prod_{i=2}^{n}\sin\langle \boldsymbol{x}_i,s_{i-1}\rangle \tag{2}$$

其中 $\langle \boldsymbol{x}_i,s_{i-1}\rangle$ 表示棱向量 $\boldsymbol{x}_i$ 与子空间 s_{i-1} 所成的角.

引理 3 若 T 与 S 为 $\mathbf{R}^n$ 中的两个子空间，且 $T\subseteq S$，$\boldsymbol{x}_i\notin S$，则下列不等式成立

$$\sin\langle \boldsymbol{x}_i,T\rangle \geqslant \sin\langle \boldsymbol{x}_i,S\rangle \tag{3}$$

其中 $\boldsymbol{x}_i$ 表示棱向量，当且仅当 $\boldsymbol{x}_i\perp S$ 时等号成立.

定理 1 的证明 考虑函数 $f(t)=\sin t,0\leqslant t\leqslant \pi$. 因为 $f''(t)=-\sin t\leqslant 0$，所以 $f(t)$ 在 $0\leqslant t\leqslant \pi$ 上是凹函数. 令 $\alpha_k(k=1,2,\cdots,n)$ 为 $0\leqslant t\leqslant \pi$ 内任意角度，由 Jensen 不等式和均值不等式有

$$\begin{aligned}\sin\left(\frac{1}{n}\sum_{k=1}^{n}\alpha_k\right) &\geqslant \frac{1}{n}\sum_{k=1}^{n}\sin\alpha_k\\ &\geqslant \left(\prod_{k=1}^{n}\sin\alpha_k\right)^{\frac{1}{n}}\end{aligned} \tag{4}$$

即

$$\sin^n\left(\frac{1}{n}\sum_{k=1}^{n}\alpha_k\right) \geqslant \left(\frac{1}{n}\sum_{k=1}^{n}\sin\alpha_k\right)^n \geqslant \prod_{k=1}^{n}\sin\alpha_k \tag{5}$$

由引理 2 可知

$$\mathrm{Vol}(E[\boldsymbol{x}_1,\boldsymbol{x}_2,\cdots,\boldsymbol{x}_n]) = \left(\prod_{k=1}^{n}\|\boldsymbol{x}_k\|\right)\prod_{i=2}^{n}\sin\langle\boldsymbol{x}_i,s_{i-1}\rangle$$

再由式(5) 可知

$$\mathrm{Vol}(E[\boldsymbol{x}_1,\boldsymbol{x}_2,\cdots,\boldsymbol{x}_n]) \leqslant \left(\prod_{k=1}^{n}\|\boldsymbol{x}_k\|\right)\cdot\left(\frac{1}{n-1}\sum_{i=2}^{n}\sin\langle s_{i-1},\boldsymbol{x}_i\rangle\right)^{n-1}$$

即定理得证.

定理 2 设 $\mathrm{Vol}(E[\boldsymbol{x}_1,\boldsymbol{x}_2,\cdots,\boldsymbol{x}_n])$ 为平行 $2n$ 面体 $E[\boldsymbol{x}_1,\boldsymbol{x}_2,\cdots,\boldsymbol{x}_n]$ 的体积,则下列不等式成立

$$\mathrm{Vol}(E[\boldsymbol{x}_1,\boldsymbol{x}_2,\cdots,\boldsymbol{x}_n]) \leqslant \prod_{k=1}^{n}\|\boldsymbol{x}_k\|\left(\prod_{2\leqslant i\leqslant n}\sin\theta_{i,i-1}\right)$$

其中 $\theta_{i,i-1}(i=1,2,\cdots,n)$ 为棱向量 $\boldsymbol{x}_i$ 与 $\boldsymbol{x}_{i-1}$ 的夹角,当 $n=2$ 时,等号成立,当 $n\geqslant 3$ 时,当且仅当 $\boldsymbol{x}_1,\boldsymbol{x}_2,\cdots,\boldsymbol{x}_n$ 为正交系时等号成立.

证 由式(2) 有 $\sin\langle\boldsymbol{x}_i,s_{i-1}\rangle \leqslant \sin\langle\boldsymbol{x}_i,\boldsymbol{x}_{i-1}\rangle, i\geqslant 2$,则

$$\prod_{i=2}^{n}\sin\langle\boldsymbol{x}_i,s_{i-1}\rangle \leqslant \prod_{i=2}^{n}\sin\langle\boldsymbol{x}_i,\boldsymbol{x}_{i-1}\rangle$$

所以

$$\mathrm{Vol}(E[\boldsymbol{x}_1,\boldsymbol{x}_2,\cdots,\boldsymbol{x}_n]) \leqslant \left(\prod_{k=1}^{n}\|\boldsymbol{x}_k\|\right)\prod_{i=2}^{n}\sin\theta_{i,i-1}$$

当 $n=2$ 时,$\mathrm{Vol}(E[\boldsymbol{x}_1,\boldsymbol{x}_2]) = \|\boldsymbol{x}_1\|\|\boldsymbol{x}_2\|\cdot\sin\theta_{12}$;当 $n\geqslant 3$ 时,$\boldsymbol{x}_1,\boldsymbol{x}_2,\cdots,\boldsymbol{x}_n$ 为正交系时等号成立.

§4 Szasz 不等式的证明

记 $E[\hat{\boldsymbol{x}}_i]=E[\boldsymbol{x}_1,\cdots,\hat{\boldsymbol{x}}_i,\cdots,\boldsymbol{x}_n]$ 为不包含向量 $\boldsymbol{x}_i$ 的平行 $2(n-1)$ 面体，Szasz 推广了 Hadamard 不等式如下（参见文献[1]）

$$\mathrm{Vol}^{n-1}(E[\boldsymbol{x}_1,\boldsymbol{x}_2,\cdots,\boldsymbol{x}_n])\leqslant\prod_{i=1}^{n}\mathrm{Vol}(E[\hat{\boldsymbol{x}}_i])$$

当且仅当 $\boldsymbol{x}_1,\boldsymbol{x}_2,\cdots,\boldsymbol{x}_n$ 是 $\mathbf{R}^n$ 中非零的正交向量组时等号成立.

利用引理 2 得到

$$\begin{aligned}&\mathrm{Vol}(E[\hat{\boldsymbol{x}}_1])\cdot\mathrm{Vol}(E[\hat{\boldsymbol{x}}_2])\cdot\cdots\cdot\mathrm{Vol}(E[\hat{\boldsymbol{x}}_n])\\
=&\prod_{i=1}^{n}\|\boldsymbol{x}_i\|^{n-1}\sin^{n-2}\langle\boldsymbol{x}_2,\boldsymbol{x}_1\rangle\sin^{n-3}\langle\boldsymbol{x}_3,s_2\rangle\cdot\\
&\sin\langle\boldsymbol{x}_3,\boldsymbol{x}_2\rangle\sin\langle\boldsymbol{x}_3,\boldsymbol{x}_1\rangle\sin^{n-4}\langle\boldsymbol{x}_4,s_3\rangle\sin^{3}\langle\boldsymbol{x}_4,s_2\rangle\cdot\\
&\sin^{n-5}\langle\boldsymbol{x}_5,s_4\rangle\sin^{4}\langle\boldsymbol{x}_5,s_3\rangle\cdots\sin^{n-4}\langle\boldsymbol{x}_4,s_3\rangle\cdot\\
&\sin^{n-2}\langle\boldsymbol{x}_{n-1},s_{n-3}\rangle\sin^{0}\langle\boldsymbol{x}_n,s_{n-1}\rangle\sin^{n-1}\langle\boldsymbol{x}_n,s_{n-2}\rangle\\
=&\prod_{i=1}^{n}\|\boldsymbol{x}_i\|^{n-1}\sin^{n-2}\langle\boldsymbol{x}_2,\boldsymbol{x}_1\rangle\sin^{n-3}\langle\boldsymbol{x}_3,s_2\rangle\cdot\\
&\sin^{n-4}\langle\boldsymbol{x}_4,s_3\rangle\cdots\sin\langle\boldsymbol{x}_{n-1},s_{n-2}\rangle\sin\langle\boldsymbol{x}_3,\boldsymbol{x}_2\rangle\cdot\\
&\sin\langle\boldsymbol{x}_3,\boldsymbol{x}_1\rangle\sin^{3}\langle\boldsymbol{x}_4,s_2\rangle\cdots\sin^{n-1}\langle\boldsymbol{x}_n,s_{n-2}\rangle\end{aligned}$$

且

$$\begin{aligned}&\mathrm{Vol}^{n-1}\langle E[\boldsymbol{x}_1,\boldsymbol{x}_2,\cdots,\boldsymbol{x}_n]\rangle\\
=&\prod_{i=1}^{n}\|\boldsymbol{x}_i\|^{n-1}\sin^{n-2}\langle\boldsymbol{x}_2,\boldsymbol{x}_1\rangle\sin^{n-3}\langle\boldsymbol{x}_3,s_2\rangle\cdot\\
&\sin^{n-4}\langle\boldsymbol{x}_4,s_3\rangle\cdots\sin\langle\boldsymbol{x}_{n-1},s_{n-2}\rangle\sin\langle\boldsymbol{x}_2,\boldsymbol{x}_1\rangle\cdot\\
&\sin^{2}\langle\boldsymbol{x}_3,s_2\rangle\sin^{3}\langle\boldsymbol{x}_4,s_3\rangle\cdots\sin^{n-1}\langle\boldsymbol{x}_n,s_{n-1}\rangle\end{aligned}$$

而

$$\sin^2\langle \boldsymbol{x}_3, s_2\rangle \leqslant \sin\langle \boldsymbol{x}_3, \boldsymbol{x}_2\rangle \sin\langle \boldsymbol{x}_3, \boldsymbol{x}_1\rangle$$

$$\sin^3\langle \boldsymbol{x}_4, s_3\rangle \leqslant \sin^3\langle \boldsymbol{x}_4, s_2\rangle$$

$$\sin^4\langle \boldsymbol{x}_5, s_4\rangle \leqslant \sin^4\langle \boldsymbol{x}_5, s_3\rangle$$

$$\vdots$$

$$\sin^{n-1}\langle \boldsymbol{x}_n, s_{n-1}\rangle \leqslant \sin^{n-1}\langle \boldsymbol{x}_n, s_{n-2}\rangle$$

因此

$$\sin\langle \boldsymbol{x}_2, \boldsymbol{x}_1\rangle \sin^2\langle \boldsymbol{x}_3, s_2\rangle \sin^3\langle \boldsymbol{x}_4, s_3\rangle \cdots \sin^{n-1}\langle \boldsymbol{x}_n, s_{n-1}\rangle$$

$$\leqslant \sin\langle \boldsymbol{x}_3, \boldsymbol{x}_2\rangle \sin\langle \boldsymbol{x}_3, \boldsymbol{x}_1\rangle \sin^3\langle \boldsymbol{x}_4, s_2\rangle \cdots \sin^{n-1}\langle \boldsymbol{x}_n, s_{n-2}\rangle$$

最后得到

$$\mathrm{Vol}^{n-1}(E[\boldsymbol{x}_1, \boldsymbol{x}_2, \cdots, \boldsymbol{x}_n]) \leqslant \prod_{i=1}^{n} \mathrm{Vol}(E[\hat{\boldsymbol{x}}_i])$$

当且仅当 $\boldsymbol{x}_1, \boldsymbol{x}_2, \cdots, \boldsymbol{x}_n$ 是 $\mathbf{R}^n$ 中非零正交向量组时等号成立. 证毕.

参考文献

[1] DIXON D J. How good is Hadamard's inequality for determinants[J]. Can. Math. Bull., 1984, 27(3): 260-264.

[2] BECKENBACH E F, BELLMAN R. Inequalities[M]. New York: Springer-Verlag, 1961.

[3] GILBERT S. Linear algebra and its applications[M]. New York: Academic Press, 1976.

一类亚正定矩阵上的逆向 Hadamard 不等式和逆向 Szasz 不等式①

第 5 章

设 $\mathbf{A}$ 为 $n\times n$ 实矩阵,$\mathbf{A}[i_1,\cdots,i_k]$ 表示它的第 $i_1,\cdots,i_k$ 行和第 $i_1,\cdots,i_k$ 列交叉处元素构成的主子阵,用 $P_k(\mathbf{A})$ 表示 $\mathbf{A}$ 的所有 k 阶主子式的乘积,即

$$P_k(\mathbf{A})=\prod_{1\leqslant i_1<\cdots<i_k\leqslant n}|\mathbf{A}[i_1,\cdots,i_k]|$$

经典的 Szasz 不等式:设 $\mathbf{A}$ 是 n 阶实对称(或 Hermite) 正定矩阵,则

$$[P_{k+1}(\mathbf{A})]^{\binom{n-1}{k}^{-1}}\leqslant[P_k(\mathbf{A})]^{\binom{n-1}{k-1}^{-1}}\quad k=1,\cdots,n-1 \tag{1}$$

Szasz 不等式是 Hadamard 不等式的改进,潍坊学院数学与信息科学学院的李衍禧教授 2010 年在文[2] 中将 Szasz 不等式推广到一类非对称的亚正定矩阵上去;下面将按照文[2] 中的方法,建立一类非对称的亚正定矩阵上的逆向 Hadamard 不等式和逆向 Szasz 不等式.

① 摘自《数学的实践与认识》,2010,40(5):212-215.

引理[3] 设$\boldsymbol{A}$是n阶亚正定阵，$\boldsymbol{B}$是n阶实对称半正定阵，则

$$|\boldsymbol{A}+\boldsymbol{B}|\geqslant|\boldsymbol{A}|$$

且等号成立当且仅当$\boldsymbol{B}=\boldsymbol{0}$.

定理1 设$\boldsymbol{A}=(a_{ij})_{n\times n}$，$a_{11}>0$，$\boldsymbol{A}\begin{pmatrix}2 & \cdots & n\\ 2 & \cdots & n\end{pmatrix}$是亚正定阵，且满足：

(1)$a_{ik}a_{kj}=a_{jk}a_{ki}(i,j>k,k=1,2,\cdots,n-1)$；

(2)$a_{ik}a_{ki}\leqslant 0(i>k,k=1,2,\cdots,n-1)$，

则对$\boldsymbol{A}$成立逆向 Hadamard 不等式

$$|\boldsymbol{A}|\geqslant a_{11}a_{22}\cdots a_{nn} \tag{2}$$

且式(2)等号成立当且仅当$a_{ik}a_{ki}=0(i>k,k=1,2,\cdots,n-1)$.

证

$$|\boldsymbol{A}|=a_{11}\left|\boldsymbol{A}\begin{pmatrix}2 & \cdots & n\\ 2 & \cdots & n\end{pmatrix}+a_{11}^{-1}\begin{pmatrix}-a_{21}\\ \vdots\\ -a_{n1}\end{pmatrix}(a_{12} \quad \cdots \quad a_{1n})\right|$$

记

$$\widetilde{\boldsymbol{A}}=\begin{pmatrix}-a_{21}\\ \vdots\\ -a_{n1}\end{pmatrix}(a_{12} \quad \cdots \quad a_{1n})=\begin{pmatrix}-a_{21}a_{12} & \cdots & -a_{21}a_{1n}\\ \vdots & & \vdots\\ -a_{n1}a_{12} & \cdots & -a_{n1}a_{1n}\end{pmatrix}$$

则由条件(1)知$\widetilde{\boldsymbol{A}}$为秩小于或等于1的实对称阵，故存在正交阵$\boldsymbol{Q}$，使$\boldsymbol{Q}^{\mathrm{T}}\widetilde{\boldsymbol{A}}\boldsymbol{Q}=\mathrm{diag}(\lambda_1,0,\cdots,0)$. 由条件(2)知$\lambda_1=-\sum_{i=2}^{n}a_{i1}a_{1i}\geqslant 0$，因此$a_{11}^{-1}\widetilde{\boldsymbol{A}}$为实对称半正定阵.

由于$\boldsymbol{A}\begin{pmatrix}2 & \cdots & n\\ 2 & \cdots & n\end{pmatrix}$是亚正定阵，由引理知

$$|\boldsymbol{A}| = a_{11}\left|\boldsymbol{A}\begin{pmatrix}2 & \cdots & n\\ 2 & \cdots & n\end{pmatrix} + a_{11}^{-1}\begin{bmatrix}-a_{21}\\ \vdots\\ -a_{n1}\end{bmatrix}(a_{12} \quad \cdots \quad a_{1n})\right|$$

$$\geqslant a_{11}\left|\boldsymbol{A}\begin{pmatrix}2 & \cdots & n\\ 2 & \cdots & n\end{pmatrix}\right| \tag{3}$$

且(3)等号成立当且仅当 $\widetilde{\boldsymbol{A}}=\boldsymbol{0}$,即 $\lambda_1=0$,亦即 $a_{i1}a_{1i}=0(i=2,\cdots,n)$.

对亚正定阵 $\boldsymbol{A}\begin{pmatrix}2 & \cdots & n\\ 2 & \cdots & n\end{pmatrix}$,则 $a_{22}>0$,且 $\boldsymbol{A}\begin{pmatrix}3 & \cdots & n\\ 3 & \cdots & n\end{pmatrix}$ 是 $\boldsymbol{A}\begin{pmatrix}2 & \cdots & n\\ 2 & \cdots & n\end{pmatrix}$ 的主子阵,从而是亚正定阵[4],所以由上述已证结论,可得

$$\left|\boldsymbol{A}\begin{pmatrix}2 & \cdots & n\\ 2 & \cdots & n\end{pmatrix}\right| \geqslant a_{22}\left|\boldsymbol{A}\begin{pmatrix}3 & \cdots & n\\ 3 & \cdots & n\end{pmatrix}\right|$$

且等号成立当且仅当 $a_{i2}a_{2i}=0(i=3,\cdots,n)$,对 n 由归纳法即可完成证明.

注 定理 1 中不要求 $\boldsymbol{A}$ 为亚正定阵.

例 1 设 $\boldsymbol{A}=\begin{pmatrix}1 & 5 & 0\\ -1 & 2 & -1\\ 0 & 2 & 3\end{pmatrix}$,则 $\boldsymbol{A}$ 符合定理 1 的条件,由定理 1 知 $|\boldsymbol{A}|>6$,实际上 $|\boldsymbol{A}|=23$,而 $\boldsymbol{A}$ 不是亚正定阵.

当 $\boldsymbol{A}$ 是亚正定阵时,$a_{11}>0$,$\boldsymbol{A}\begin{pmatrix}2 & \cdots & n\\ 2 & \cdots & n\end{pmatrix}$ 是亚正定阵[4],由定理 1 即得:

推论 1 设 $\boldsymbol{A}$ 是亚正定阵,且满足定理 1 中的条件(1)(2),则对 $\boldsymbol{A}$ 成立逆向 Hadamard 不等式.

将上述结论推广到分块矩阵上去，成立逆向 Hadamard-Fisher 不等式，证明方法同定理 1.

定理 2 设

$$\boldsymbol{A}=\begin{pmatrix}\boldsymbol{A}\begin{pmatrix}1 & \cdots & k\\ 1 & \cdots & k\end{pmatrix} & \boldsymbol{B}\\ -l\boldsymbol{B}^{\mathrm{T}} & \boldsymbol{A}\begin{pmatrix}k+1 & \cdots & n\\ k+1 & \cdots & n\end{pmatrix}\end{pmatrix}$$

$$1\leqslant k\leqslant n-1, l>0$$

若 $\boldsymbol{A}\begin{pmatrix}1 & \cdots & k\\ 1 & \cdots & k\end{pmatrix}$ 为实对称正定阵，$\boldsymbol{A}\begin{pmatrix}k+1 & \cdots & n\\ k+1 & \cdots & n\end{pmatrix}$ 是亚正定阵，则

$$|\boldsymbol{A}|\geqslant\left|\boldsymbol{A}\begin{pmatrix}1 & \cdots & k\\ 1 & \cdots & k\end{pmatrix}\right|\cdot\left|\boldsymbol{A}\begin{pmatrix}k+1 & \cdots & n\\ k+1 & \cdots & n\end{pmatrix}\right| \quad (4)$$

且(4) 等号成立当且仅当 $\boldsymbol{B}=\boldsymbol{0}$.

例 2 设 $\boldsymbol{A}=\begin{pmatrix}1 & 1 & -1 & 1\\ 1 & 3 & 0 & 2\\ 2 & 0 & 1 & 2\\ -2 & -4 & 1 & 4\end{pmatrix}$，显然 $\boldsymbol{A}$ 符合定理 2 的条件，由定理 2 知 $|\boldsymbol{A}|>4$，实际上 $|\boldsymbol{A}|=56$.

下面利用逆向 Hadamard 不等式给出一类非对称的亚正定矩阵上的逆向 Szasz 不等式.

定理 3 设 $\boldsymbol{A}$ 是亚正定矩阵，$\boldsymbol{B}=(b_{ij})_{m\times m}$ 是 $\boldsymbol{A}$ 的任何主子阵 $\boldsymbol{A}[i_1,\cdots,i_m](m=2,\cdots,n)$ 的逆矩阵，满足：

(1) $b_{ik}b_{kj}=b_{jk}b_{ki}(i,j>k,k=1,2,\cdots,m-1)$；

(2) $b_{ik}b_{ki}\leqslant 0(i>k,k=1,2,\cdots,m-1)$，

则对 $\boldsymbol{A}$ 成立逆向 Szasz 不等式

$$|\boldsymbol{A}| = P_n(\boldsymbol{A}) \geqslant (P_{n-1}(\boldsymbol{A}))^{\binom{n-1}{n-2}^{-1}} \geqslant \cdots$$
$$\geqslant (P_2(\boldsymbol{A}))^{\binom{n-1}{1}^{-1}} \geqslant P_1(\boldsymbol{A}) \quad (5)$$

证 因为 $\boldsymbol{A}$ 是亚正定矩阵，所以 $\boldsymbol{A}^{-1}$ 也是亚正定矩阵[4]. 又因为 $\boldsymbol{A}^{-1}$ 的主对角元是 $\boldsymbol{A}$ 的 $n-1$ 阶主子式与 $|\boldsymbol{A}|$ 之商，由推论 1 知

$$\frac{1}{|\boldsymbol{A}|} = |\boldsymbol{A}^{-1}| \geqslant \frac{P_{n-1}(\boldsymbol{A})}{|\boldsymbol{A}|^n}$$

于是

$$[P_n(\boldsymbol{A})]^{n-1} = |\boldsymbol{A}|^{n-1} \geqslant P_{n-1}(\boldsymbol{A}) \quad (6)$$

即

$$P_n(\boldsymbol{A}) \geqslant (P_{n-1}(\boldsymbol{A}))^{1/(n-1)}$$

这说明 $k=n-1$ 时不等式(5) 成立.

对 $k=n-2$，此时把每一个 $n-1$ 阶主子阵看作已经讨论过的矩阵 $\boldsymbol{A}$，$\boldsymbol{A}$ 的每一个 $n-1$ 阶主子阵仍然符合定理 3 中的条件，并注意 $\boldsymbol{A}$ 的每个 $n-2$ 阶主子阵可以看作 $\boldsymbol{A}$ 的两个不同的 $n-1$ 阶主子阵的主子阵，于是利用(6) 得到

$$(P_{n-1}(\boldsymbol{A}))^{n-2} \geqslant (P_{n-2}(\boldsymbol{A}))^2$$

即

$$(P_{n-1}(\boldsymbol{A}))^{1/(n-1)} \geqslant (P_{n-2}(\boldsymbol{A}))^{2/[(n-1)(n-2)]}$$

所以 $k=n-2$ 时不等式(5) 成立，由归纳法知逆向 Szasz 不等式成立.

例 3 设

$$\boldsymbol{A} = \frac{1}{8}\begin{pmatrix} 4 & -4 & 0 \\ 1 & 3 & -2 \\ 3 & 1 & 2 \end{pmatrix}$$

则

$$A^{-1}=\begin{pmatrix}1 & 1 & 1\\ -1 & 1 & 1\\ -1 & -2 & 2\end{pmatrix}$$

现在我们观察矩阵 $\boldsymbol{A}$ 是否满足逆向 Szasz 不等式. $\boldsymbol{A}$ 的二阶主子阵分别是

$$\boldsymbol{A}[1,2]=\frac{1}{8}\begin{pmatrix}4 & -4\\ 1 & 3\end{pmatrix}$$

$$\boldsymbol{A}[1,3]=\frac{1}{8}\begin{pmatrix}4 & 0\\ 3 & 2\end{pmatrix}$$

$$\boldsymbol{A}[2,3]=\frac{1}{8}\begin{pmatrix}3 & -2\\ 1 & 2\end{pmatrix}$$

逆矩阵分别是

$$(\boldsymbol{A}[1,2])^{-1}=\frac{1}{2}\begin{pmatrix}3 & 4\\ -1 & 4\end{pmatrix}$$

$$(\boldsymbol{A}[1,3])^{-1}=\begin{pmatrix}2 & 0\\ -3 & 4\end{pmatrix}$$

$$(\boldsymbol{A}[2,3])^{-1}=\begin{pmatrix}2 & 2\\ -1 & 3\end{pmatrix}$$

$$(\boldsymbol{A}[1,2,3])^{-1}=\boldsymbol{A}^{-1}$$

显然符合定理 3 的条件,因此矩阵 $\boldsymbol{A}$ 满足逆向 Szasz 不等式. 实际上经计算

$$P_1(\boldsymbol{A})=\frac{3}{64},P_2(\boldsymbol{A})=\frac{1}{256},P_3(\boldsymbol{A})=\frac{1}{8}$$

有

$$[P_3(\boldsymbol{A})]^{\binom{2}{2}^{-1}}>[P_2(\boldsymbol{A})]^{\binom{2}{1}^{-1}}>[P_1(\boldsymbol{A})]^{\binom{2}{0}^{-1}}$$

推论 2 设 $\boldsymbol{A}$ 为 $n\times n$ 实矩阵,若存在对角矩阵 $\boldsymbol{D}$, $|\boldsymbol{D}|>0$,使 $\boldsymbol{DA}=\boldsymbol{C}$ 为亚正定矩阵,且 $\boldsymbol{C}$ 满足定理 3 的

条件，则对 $\boldsymbol{A}$，逆向 Szasz 不等式

$$|\boldsymbol{A}| = P_n(\boldsymbol{A}) \geqslant (P_{n-1}(\boldsymbol{A}))^{\binom{n-1}{n-2}^{-1}} \geqslant \cdots$$

$$\geqslant (P_2(\boldsymbol{A}))^{\binom{n-1}{1}^{-1}} \geqslant P_1(\boldsymbol{A})$$

成立.

注 可以完全平行地将上述结论推广到复亚正定阵上去，建立一类复亚正定阵行列式模的逆向 Hadamard 不等式和逆向 Szasz 不等式，在此不再赘述.

参考文献

[1] HORN R A, JOHNSON C R. Matrix analysis[M]. New York: Cambridge University Press, 1985.

[2] 李衍禧. Szasz 不等式在亚正定矩阵和拟广义正定矩阵上的推广[J]. 数学的实践与认识, 2009, 39(11): 160-163.

[3] 屠伯埙. 亚正定理论(Ⅱ)[J]. 数学学报, 1991, 34(1): 91-102.

[4] 屠伯埙. 亚正定理论(Ⅰ)[J]. 数学学报, 1990, 33(4): 462-471.

Hadamard 定理在四元数除环上的改进①

第 6 章

谢邦杰将著名的 Hadamard 不等式

$$|\det \boldsymbol{A}| \leqslant \sqrt{\prod_{i=1}^{n}\sum_{j=1}^{n}|a_{ij}|^2} \qquad (1)$$

推广到实四元数除环 Q 上的可中心化非奇异阵 $\boldsymbol{A}=(a_{ij})_{n\times n}$，而 $\det \boldsymbol{A}$ 是按照谢邦杰意义下的行列式[1-2] 给出的. 复旦大学的屠伯埙教授 1987 年改进了式(1)，首先，将按照 Dieudonné 意义下的行列式[3] 做改进；其次，附带证明了这个改进的不等式对谢邦杰意义下的行列式仍然成立，因而也就改进了谢邦杰的推广定理.

§1 Hadamard 定理的改进

设除环 Ω 对其中心域 Z 的次数为 n，$e_1,e_2,\cdots,e_n$ 是 Q 对 Z 的基. 又设 Ω 中任一元素 ω 的矩阵表示 $\boldsymbol{A}=(a_{ij})_{n\times n}$ 由下式所定义

① 摘自《数学学报》，1987，30(1)：120-124.

$$\omega e_i=\sum_{j=1}^{n}a_{ij}e_j,i=1,2,\cdots,n,\forall a_{ij}\in Z \qquad (2)$$

记 $\sigma(\omega)=\det \mathbf{A}$，此处 $\det \mathbf{A}$ 是 Z 上方阵的（通常的）行列式. 例如，若 Ω 是一域，则 $\sigma(\omega)=\omega$. 又若取 $\Omega=Q$，则 $Z=\mathbf{R}$，$\mathbf{R}$ 是实数域，且 $[Q:\mathbf{R}]=4$，故容易算出

$$\sigma(a+bi+cj+dk)=(a^2+b^2+c^2+d^2)^2 \qquad (3)$$

由于 σ 是 Ω 的乘法群 Ω^* 映入 Z^* 的同态，设 K 是 σ 的同态核，则 $\Omega^*/K\cong\{\sigma(\omega),\forall\omega\in\Omega^*\}$. 对 $\Omega=Q$，则 $K=\{\omega\mid\sigma(\omega)=1,\omega\in\Omega^*\}=C$，而 C 是 Ω^* 的换位子群，于是

$$Q^*/C\cong\{\sigma(\omega)=\det \mathbf{A},\forall\omega\in Q\} \qquad (4)$$

按照 Dieudonné 的定义，对线性群 $GL_n(Q)$ 中任一元素 $\mathbf{A}$（n 阶非奇异阵），其行列式 $\det \mathbf{A}$ 应是

$$\det \mathbf{A}=\varphi(\mu)=\mu C,\mu\in Q \qquad (5)$$

其中 $\varphi:q\to\varphi(q)$ 是 Q^* 到 Q^*/C 上的自然同态. 对实、复数域来说，自然可规定：$\varphi(a)=a,a\in Q^*$.

由(4)与(5)可知，在同构意义下，$\det \mathbf{A}$ 可看作一个实数，于是可“赋值”于 $\det \mathbf{A}$，以比较其“大小”，我们有：

定义 设 Q 上的行列式 $\det \mathbf{A}=\varphi(a)=aC$，$\det \mathbf{B}=\varphi(b)=bC$，若 $\sigma(a)\leqslant\sigma(b)$，则记 $\det \mathbf{A}\leqslant\det \mathbf{B}^{(*)}$.

引理 若 $\det \mathbf{A}\leqslant\det \mathbf{A}_1$，$\det \mathbf{B}\leqslant\det \mathbf{B}_1$，则 $\det \mathbf{A}\cdot\det \mathbf{B}\leqslant\det \mathbf{A}_1\cdot\det \mathbf{B}_1$.

这由上述定义以及 σ 是一同态便知.

设 $\mathbf{A}=(a_{ij})_{n\times n}$，$\overline{\mathbf{A}}$ 是由 a_{ij} 的共轭四元数 $\overline{a}_{ij}$ 所构成的 $n\times n$ 阵，如果 $\overline{\mathbf{A}}^{\mathrm{T}}=\mathbf{A}$，那么称 $\mathbf{A}$ 为自共轭阵. 如果还有 $\overline{\mathbf{x}}^{\mathrm{T}}\mathbf{A}\mathbf{x}>0$，其中 $\mathbf{x}$ 是 Q 上 n 维非零列向量，那么称 $\mathbf{A}$

为正定自共轭阵.

定理 1 设 $\boldsymbol{A}=(a_{ij})_{n\times n}$ 是正定自共轭阵,则

$$\det \boldsymbol{A}\leqslant \varphi\left(a_{11}\cdot \prod_{j=2}^{n}(a_{jj}-a_{11}^{-1}N(a_{j1}))\right) \qquad (6)$$

其中 $N(a)$ 是 a 的距,即 $N(a)=a\overline{a}$.

证 先证:对任何正定自共轭阵 $\boldsymbol{B}=(b_{ij})_{n\times n}$,恒有

$$\det \boldsymbol{B}\leqslant \varphi(b_{11}b_{22}\cdots b_{nn}) \qquad (7)$$

对 n 用归纳法. $n=1$,式(7)显然正确. 作分块

$$\boldsymbol{B}=\begin{pmatrix} b_{11} & \overline{\boldsymbol{\beta}}^{\mathrm{T}} \\ \boldsymbol{\beta} & \boldsymbol{B}_{n-1}\end{pmatrix}$$

其中 $\boldsymbol{\beta}$ 是 Q 上 $n-1$ 维列向量. 由于正定自共轭阵的主子阵仍是正定自共轭阵(由正定阵的定义便知),故得

$$\det \boldsymbol{B}=\varphi(b_{11}-\overline{\boldsymbol{\beta}}^{\mathrm{T}}\boldsymbol{B}_{n-1}^{-1}\boldsymbol{\beta})\cdot \det \boldsymbol{B}_{n-1}$$

因 $\boldsymbol{B}_{n-1}$ 正定,故由上式及归纳法假设,并应用引理,即得

$$\det \boldsymbol{B}\leqslant \varphi(b_{11}-\overline{\boldsymbol{\beta}}^{\mathrm{T}}\boldsymbol{B}_{n-1}^{-1}\boldsymbol{\beta})\varphi(b_{22}\cdots b_{nn}) \qquad (8)$$

因为 b_{11} 与 $b_{11}-\overline{\boldsymbol{\beta}}^{\mathrm{T}}\boldsymbol{B}_{n-1}^{-1}\boldsymbol{\beta}$ 均是实数,所以由式(3)知

$$\sigma(b_{11})=b_{11}^{4},\sigma(b_{11}-\overline{\boldsymbol{\beta}}^{\mathrm{T}}\boldsymbol{B}_{n-1}^{-1}\boldsymbol{\beta})=(b_{11}-\overline{\boldsymbol{\beta}}^{\mathrm{T}}\boldsymbol{B}_{n-1}^{-1}\boldsymbol{\beta})^{4}$$

又因 $\overline{\boldsymbol{\beta}}^{\mathrm{T}}\boldsymbol{B}_{n-1}^{-1}\boldsymbol{\beta}\geqslant 0$,故 $b_{11}-\overline{\boldsymbol{\beta}}^{\mathrm{T}}\boldsymbol{B}_{n-1}^{-1}\boldsymbol{\beta}\leqslant b_{11}$,于是 $\varphi(b_{11}-\overline{\boldsymbol{\beta}}^{\mathrm{T}}\boldsymbol{B}_{n-1}^{-1}\boldsymbol{\beta})\leqslant \varphi(b_{11})$,由这个不等式及式(8),并应用引理,即得式(7). 今再证式(6). 将 $\boldsymbol{A}$ 分块:$\boldsymbol{A}=\begin{pmatrix} a_{11} & \overline{\boldsymbol{\alpha}}^{\mathrm{T}} \\ \boldsymbol{\alpha} & \boldsymbol{A}_{n-1}\end{pmatrix}$,其中 $\boldsymbol{\alpha}$ 是 $n-1$ 维列向量,故

$$\det \boldsymbol{A}=\varphi(a_{11})\det(\boldsymbol{A}_{n-1}-\boldsymbol{\alpha}a_{11}^{-1}\overline{\boldsymbol{\alpha}}^{\mathrm{T}}) \qquad (9)$$

容易算得 $\boldsymbol{A}_{n-1}-\boldsymbol{\alpha}a_{11}^{-1}\overline{\boldsymbol{\alpha}}^{\mathrm{T}}$ 的主对角元为 $a_{jj}-a_{11}^{-1}N(a_{j1})$,

$j=2,\cdots,n$，而 $\boldsymbol{A}_{n-1}-\boldsymbol{\alpha}a_{11}^{-1}\overline{\boldsymbol{\alpha}}^{\mathrm{T}}$ 仍是正定自共轭阵，故由式(7)知

$$\det(\boldsymbol{A}_{n-1}-\boldsymbol{\alpha}a_{11}^{-1}\overline{\boldsymbol{\alpha}}^{\mathrm{T}})\leqslant\varphi\left(\prod_{j=2}^{n}(a_{jj}-a_{11}^{-1}N(a_{j1}))\right)$$

由上式、式(9)以及引理即得式(6). 证毕.

对实、复数域来说，由于 $\varphi(a)=a$，故显然可得：

推论 设 $\boldsymbol{A}=(a_{ij})_{n\times n}$ 是正定自共轭阵，则

$$\det\boldsymbol{A}\leqslant a_{11}(a_{22}-a_{11}^{-1}\mid a_{21}\mid^{2})(a_{33}-a_{11}^{-1}\mid a_{31}\mid^{2})\cdot\cdots\cdot(a_{nn}-a_{11}^{-1}\mid a_{n1}\mid^{2})$$

上式显然比熟知的不等式 $\det\boldsymbol{A}\leqslant\prod_{i=1}^{n}a_{ii}$ 更精确.

定理 2 设 $\boldsymbol{A}=(a_{ij})_{n\times n}$ 是 Q 上可中心化非奇异阵，则

$$(\det\boldsymbol{A})^{2}\leqslant\varphi\left(\sum_{k=1}^{n}N(a_{1k})\cdot\prod_{j=2}^{n}\left(\sum_{k=1}^{n}N(a_{jk})-\frac{N(\sum_{k=1}^{n}a_{jk}\bar{a}_{1k})}{\sum_{k=1}^{n}N(a_{1k})}\right)\right)\tag{10}$$

证 先证：对 Q 上可中心化非奇异阵 $\boldsymbol{A}$，恒有

$$\det\boldsymbol{A}=\det\overline{\boldsymbol{A}}^{\mathrm{T}}\tag{11}$$

因为 $\boldsymbol{A}$ 可中心化，故存在 Q 上非奇异阵 $\boldsymbol{P}$，使

$$\boldsymbol{P}^{-1}\boldsymbol{A}\boldsymbol{P}=\mathrm{diag}\{\boldsymbol{F}_{1},\boldsymbol{F}_{2},\cdots,\boldsymbol{F}_{s}\}\tag{12}$$

其中 $\boldsymbol{F}_i$ 是 Q 的中心 $\mathbf{R}$(实数域)上的 Frobenius 块 $\boldsymbol{F}_i=(\boldsymbol{e}_2,\cdots,\boldsymbol{e}_n,\boldsymbol{\delta}_i)$，其中 $\boldsymbol{e}_i=(0,\cdots,0,1,0,\cdots,0)^{\mathrm{T}}$，$\boldsymbol{\delta}_i=(-a_{in_i},\cdots,-a_{i1})^{\mathrm{T}}$，并且 $\sum_{i=1}^{s}n_i=n$. 又因 $\boldsymbol{A}$ 非奇异，故 $a_{in_i}\neq0$，$i=1,2,\cdots,s$，于是由 Dieudonné 行列式定义

$$\det\boldsymbol{F}_i=(\varphi(-1))^{n-1}\varphi(-a_{in_i})$$

$$=\varphi((-1)^n a_{in_i}),i=1,2,\cdots,s$$

同理可证

$$\det \overline{\boldsymbol{F}}_i^{\mathrm{T}}=\varphi((-1)^n \overline{a}_{in_i}) \tag{13}$$

故 $\det \boldsymbol{F}_i=\det \overline{\boldsymbol{F}}_i^{\mathrm{T}}$(因 $a_{in_i}\in \mathbf{R}$),$i=1,2,\cdots,s$,于是由式(12)可得

$$\det \boldsymbol{A}=\det(\boldsymbol{P}^{-1}\boldsymbol{AP})=\prod_{i=1}^{s}\det \boldsymbol{F}_i$$

$$=\prod_{i=1}^{s}\det \overline{\boldsymbol{F}}_i^{\mathrm{T}}=\det \overline{\boldsymbol{A}}^{\mathrm{T}}$$

由于 $\boldsymbol{A}\overline{\boldsymbol{A}}^{\mathrm{T}}$ 是 Q 上的正定自共轭阵,若记 $\boldsymbol{A}\overline{\boldsymbol{A}}^{\mathrm{T}}=(b_{ij})_{n\times n}$,其中

$$b_{ij}=\sum_{k=1}^{n}a_{ik}\overline{a}_{jk},i,j=1,2,\cdots,n$$

则由定理 1 及式(11)即得

$$(\det \boldsymbol{A})^2=\det(\boldsymbol{A}\overline{\boldsymbol{A}}^{\mathrm{T}})\leqslant b_{11}\prod_{j=2}^{n}(b_{jj}-b_{11}^{-1}N(b_{j1}))$$

由上式即得式(10). 证毕.

因为实数域 $\mathbf{R}$ 上方阵 $\boldsymbol{A}$ 的不变因子仍是 $\mathbf{R}$ 上的多项式,$\boldsymbol{A}$ 自然可中心化,故对 $\mathbf{R}$ 上非奇异阵 $\boldsymbol{A}$,由定理 2 即得

$$|\det \boldsymbol{A}|\leqslant\sqrt{\sum_{k=1}^{n}|a_{1k}|^2\cdot\prod_{j=2}^{n}\left(\sum_{k=1}^{n}|a_{jk}|^2-\frac{\sum\limits_{k=1}^{n}|a_{jk}a_{1k}|^2}{\sum\limits_{k=1}^{n}|a_{1k}|^2}\right)} \tag{14}$$

注　对复数域来说,由于它的中心就是其本身,故在定理 2 的证明中的式(13)应改成 $\det \overline{\boldsymbol{F}}_i^{\mathrm{T}}=\varphi((-1)^n\overline{a}_{in_i})=(-1)^n\overline{a}_{in_i}=\overline{(-1)^n a_{in_i}}=\det \overline{\boldsymbol{F}}_i^{\mathrm{T}},i=1,$

2,…,s(因 $\varphi(a)=a$). 故 $\det \overline{\boldsymbol{A}}^{\mathrm{T}}=\overline{\det \boldsymbol{A}^{\mathrm{T}}}$,于是得到

$$|\det \boldsymbol{A}|^2=\det(\boldsymbol{A}\overline{\boldsymbol{A}}^{\mathrm{T}})\leqslant b_{11}\cdot\prod_{j=2}^{n}(b_{jj}-b_{11}^{-1}|b_{j1}|^2)$$

故对复方阵来说,式(14)仍然成立. 这确实改进了通常的 Hadamard 定理(式(1)).

§2 谢邦杰推广定理的改进

本节所讨论的行列式指的是谢邦杰意义下的行列式. 谢邦杰定义了任意除环 Q 上的可中心化非奇异阵 $\boldsymbol{A}$ 的行列式,记为 $\|\boldsymbol{A}\|$,且 $\|\boldsymbol{A}\|$ 取"值"于 Q 的中心 Z 中(故四元数除环 Q 上的可中心化非奇异阵 $\boldsymbol{A}$ 的行列式恒是实数).

定理 3 设 $\boldsymbol{A}=(a_{ij})_{n\times n}$ 是 Q 上的正定自共轭阵,则

$$\|\boldsymbol{A}\|\leqslant\min_{1\leqslant i\leqslant n}\left\{a_{ii}\prod_{\substack{j=1\\ j\neq i}}^{n}(a_{jj}-a_{ii}^{-1}N(a_{ji}))\right\}\quad(15)$$

证 自共轭阵 $\boldsymbol{A}$ 是可中心化的. 现将 $\boldsymbol{A}$ 分块,$\boldsymbol{A}=\begin{pmatrix}a_{11} & \overline{\boldsymbol{\alpha}}^{\mathrm{T}}\\ \boldsymbol{\alpha} & \boldsymbol{A}_{n-1}\end{pmatrix}$,其中 $\boldsymbol{\alpha}$ 是 Q 上的 $n-1$ 维列向量,则

$$\|\boldsymbol{A}\|=a_{11}\cdot\|\boldsymbol{A}_{n-1}-\boldsymbol{\alpha}a_{11}^{-1}\overline{\boldsymbol{\alpha}}^{\mathrm{T}}\|\quad(16)$$

因 $\boldsymbol{A}_{n-1}-\boldsymbol{\alpha}a_{11}^{-1}\overline{\boldsymbol{\alpha}}^{\mathrm{T}}$ 仍是正定自共轭阵,故

$$\|\boldsymbol{A}_{n-1}-\boldsymbol{\alpha}a_{11}^{-1}\overline{\boldsymbol{\alpha}}^{\mathrm{T}}\|\leqslant\prod_{j=2}^{n}(a_{jj}-a_{11}^{-1}N(a_{j1}))$$

由上式及式(16)即得

$$\|\boldsymbol{A}\|\leqslant a_{11}\prod_{j=2}^{n}(a_{jj}-a_{11}^{-1}N(a_{j1}))\quad(17)$$

作 Q 上 n 阶阵：$\boldsymbol{P}_{1i}=(\boldsymbol{e}_i,\boldsymbol{e}_2,\cdots,\boldsymbol{e}_{i-1},\boldsymbol{e}_1,\boldsymbol{e}_{i+1},\cdots,\boldsymbol{e}_n)$，则因

$$\boldsymbol{P}_{1i}\boldsymbol{A}\overline{\boldsymbol{P}}_{1i}^{\mathrm{T}}=\begin{pmatrix} a_{ii} & \overline{\boldsymbol{\delta}}^{\mathrm{T}} \\ \boldsymbol{\delta} & \hat{\boldsymbol{A}} \end{pmatrix} \tag{18}$$

其中 $\hat{\boldsymbol{A}}$ 是 a_{ii} 在 $\boldsymbol{A}$ 中的余子阵. 因为 $\|\boldsymbol{P}_{1i}\overline{\boldsymbol{P}}_{1i}^{\mathrm{T}}\|=1$，所以

$$\|\boldsymbol{P}_{1i}\boldsymbol{A}\overline{\boldsymbol{P}}_{1i}^{\mathrm{T}}\|=\|\boldsymbol{P}_{1i}\overline{\boldsymbol{P}}_{1i}^{\mathrm{T}}\|\cdot\|\boldsymbol{A}\|=\|\boldsymbol{A}\|$$

又 $\boldsymbol{P}_{1i}\boldsymbol{A}\overline{\boldsymbol{P}}_{1i}^{\mathrm{T}}$ 显然是正定自共轭阵，故于式(18)两边取行列式（由于单值性），并应用式(17)，即可得式(15)，证毕.

定理 4 设 $\boldsymbol{A}=(a_{ij})_{n\times n}$ 是 Q 上可中心化非奇异阵，则

$$\|\boldsymbol{A}\|\leqslant\sqrt{\min_{1\leqslant i\leqslant n}\left\{\sum_{k=1}^{n}N(a_{ik})\cdot\left[\prod_{\substack{j=1\\ j\neq i}}^{n}\left(\sum_{k=1}^{n}N(a_{jk})-\frac{N\left(\sum\limits_{k=1}^{n}a_{jk}\bar{a}_{ik}\right)}{\sum\limits_{k=1}^{n}N(a_{ik})}\right)\right]\right\}} \tag{19}$$

证 因 $\boldsymbol{A}\overline{\boldsymbol{A}}^{\mathrm{T}}$ 自共轭，故可中心化，且 $\|\boldsymbol{A}\|^2=\|\boldsymbol{A}\overline{\boldsymbol{A}}^{\mathrm{T}}\|$，故由定理 3 即得式(19). 证毕.

式(19)确实改进了谢邦杰的推广定理（除非 $\boldsymbol{A}$ 的所有行全是两两广义正交的）. 当 $i=1$ 时，定理 4 与定理 2 的结果是相类似的.

参考文献

[1] 谢邦杰. Hadamard 定理在四元数体上的推广[J]. 中国科学（数学专辑（Ⅰ）），1979(1)：88-93.

[2] 谢邦杰. 自共轭四元数矩阵的行列式的展开定理及其应用

[J]. 数学学报,1980(23):668-683.
[3] 华罗庚,万哲先. 典型群[M]. 上海:上海科学技术出版社,1963.
[4] 谢邦杰. 环与体上的矩阵及两类广义 Jordan 形式[J]. 吉林大学学报(自然科学版),1978(1):21-46.

Hadamard 定理在四元数体上的推广[①]

第7章

关于非奇异实矩阵有如下著名的 Hadamard 定理.如果 $\boldsymbol{A}=(a_{ij})_{n\times n}$ 为非奇异实数矩阵,那么

$$|\boldsymbol{A}|\leqslant\sqrt{\prod_{i=1}^{n}(a_{i1}^2+a_{i2}^2+\cdots+a_{in}^2)}$$

且等号成立的充要条件为 $\boldsymbol{A}$ 的各行正交.

吉林大学数学系的谢邦杰教授 1979 年把此定理推广到四元数体上的可中心化矩阵上来,并在引理 3 的证明中,使用了异于通常运用特征矩阵的新方法.

在文献[1]中,我们定义了任意体 K 上的 n 阶矩阵 $\boldsymbol{A}$ 为可中心化的,如果特征矩阵 $\lambda\boldsymbol{I}-\boldsymbol{A}$ 可由 $K[\lambda]$ 上的初等变换而简化成

① 摘自《中国科学》(数学专辑(Ⅰ)),1979:88-92.

$$\begin{pmatrix} 1 & & & & & \\ & \ddots & & & & \\ & & 1 & & & \\ & & & \varphi_1(\lambda) & & \\ & & & & \ddots & \\ & & & & & \varphi_r(\lambda) \end{pmatrix} \tag{1}$$

其中 $\varphi_1(\lambda),\varphi_2(\lambda),\cdots,\varphi_r(\lambda)$ 均为 K 的中心域 F 上的首项系数为 1 的多项式. 此又等价于 $\boldsymbol{A}$ 在 K 上能相似于 F 上一矩阵.

定义 $f(\lambda)=\varphi_1(\lambda)\cdots\varphi_r(\lambda)$ 为 $\boldsymbol{A}$ 的弱特征多项式. 再定义 $\boldsymbol{A}$ 的行列式为

$$\|\boldsymbol{A}\|=(-1)^n f(0)$$

在文献[1] 中证明了:体 K 上可中心化矩阵 $\boldsymbol{A}$ 为非奇异的,等价于 $\|\boldsymbol{A}\|\neq 0$. 在文献[1] 中还证明了:四元数体 K 上的自共轭矩阵 $\boldsymbol{A}$(即满足 $\overline{\boldsymbol{A}}^{\mathrm{T}}=\boldsymbol{A}$ 的矩阵)恒可中心化. 事实上,因有广义矩阵 $\boldsymbol{U}$(满足 $\overline{\boldsymbol{U}}^{\mathrm{T}}=\boldsymbol{U}^{-1}$ 的矩阵),使

$$\boldsymbol{U}\boldsymbol{A}\boldsymbol{U}^{-1}=\boldsymbol{U}\boldsymbol{A}\overline{\boldsymbol{U}}^{\mathrm{T}}=\begin{pmatrix} \lambda_1 & & \\ & \ddots & \\ & & \lambda_n \end{pmatrix}$$

其中,$\lambda_1,\cdots,\lambda_n$ 恰为 $\boldsymbol{A}$ 的弱特征多项式 $f(\lambda)$ 的全部根(在文献[1] 中已定义为 $\boldsymbol{A}$ 的特征根,且知其全为实数),故 $f(\lambda)$ 为有 n 个实根的多项式 $(\lambda-\lambda_1)\cdots(\lambda-\lambda_n)$,于是易知 $\boldsymbol{A}$ 为可中心化的.

在文献[2] 中证明了 $\boldsymbol{A}$ 为正定的自共轭矩阵,等价于有非奇异矩阵 $\boldsymbol{P}$,使 $\boldsymbol{A}=\boldsymbol{P}\overline{\boldsymbol{P}}^{\mathrm{T}}$(即文献[2] 中的定理 9).

又证明了如果 $\boldsymbol{A}$ 为自共轭矩阵，$\boldsymbol{P}$ 为任意非奇异矩阵，则有

$$\| \boldsymbol{PA}\overline{\boldsymbol{P}}^{\mathrm{T}} \| = \| \boldsymbol{P}\overline{\boldsymbol{P}}^{\mathrm{T}} \| \ \| \boldsymbol{A} \|$$

特别是把 $\boldsymbol{PA}\overline{\boldsymbol{P}}^{\mathrm{T}}$ 看作对 $\boldsymbol{A}$ 进行若干次成套的初等变换（如以 $\alpha(\alpha \neq 0)$ 左乘 i 行，同时以 $\overline{\alpha}$ 右乘 i 列；把 i 行的左 α 倍加于 j 行，又同时把 i 列的右 $\overline{\alpha}$ 倍加于 j 列等）时，如果未用到倍法变换，或用了倍法变换，而倍数 α 与 $\overline{\alpha}$ 之积为 1，则有

$$\| \boldsymbol{P}\overline{\boldsymbol{P}}^{\mathrm{T}} \| = 1, \ \| \boldsymbol{PA}\overline{\boldsymbol{P}}^{\mathrm{T}} \| = \| \boldsymbol{A} \|$$

以上事实，为实对称矩阵与复 Hermitian 矩阵的相应定理的较为直观的推广，故其证明从略.

在文献[3]中证明了对正定的自共轭矩阵 $\boldsymbol{A} = (a_{ij})_{n\times n}$ 恒有

$$\| \boldsymbol{A} \| \leqslant a_{11}a_{22}\cdots a_{nn}$$

且等号成立等价于 $\boldsymbol{A}$ 为对角形.

此可扼要地论证如下

$$\boldsymbol{A} = \begin{pmatrix} a_{11} & \overline{\boldsymbol{B}}^{\mathrm{T}} \\ \boldsymbol{B} & \boldsymbol{A}_1 \end{pmatrix}$$

令

$$\boldsymbol{P} = \begin{pmatrix} 1 & \boldsymbol{0} \\ -\boldsymbol{B}a_{11}^{-1} & \boldsymbol{I}_{n-1} \end{pmatrix}$$

则有

$$\boldsymbol{PA}\overline{\boldsymbol{P}}^{\mathrm{T}} = \begin{pmatrix} a_{11} & \boldsymbol{0} \\ \boldsymbol{0} & \boldsymbol{A}_1 - \boldsymbol{B}a_{11}^{-1}\overline{\boldsymbol{B}}^{\mathrm{T}} \end{pmatrix}$$

因 $\boldsymbol{P}$ 显然为若干消法矩阵之积，故有

$$\| \boldsymbol{A} \| = \left\| \begin{matrix} a_{11} & \boldsymbol{0} \\ \boldsymbol{0} & \boldsymbol{A}_1 - \boldsymbol{B}a_{11}^{-1}\overline{\boldsymbol{B}}^{\mathrm{T}} \end{matrix} \right\| = a_{11} \ \| \boldsymbol{A}_1 - \boldsymbol{B}a_{11}^{-1}\overline{\boldsymbol{B}}^{\mathrm{T}} \|$$

且由 $\boldsymbol{PA}\overline{\boldsymbol{P}}^{\mathrm{T}}$ 的正定性知 $\boldsymbol{A}_1-\boldsymbol{B}a_{11}^{-1}\overline{\boldsymbol{B}}^{\mathrm{T}}=\boldsymbol{A}_1-a_{11}^{-1}\boldsymbol{B}\overline{\boldsymbol{B}}^{\mathrm{T}}$ 为正定的，而 $a_{11}^{-1}\boldsymbol{B}\overline{\boldsymbol{B}}^{\mathrm{T}}$ 又为半正定的，于是由文献[3]中定理 19 知：当 $\boldsymbol{B}\neq\boldsymbol{0}$ 时，有

$$\begin{aligned}\|\boldsymbol{A}_1\| &= \|(\boldsymbol{A}_1-\boldsymbol{B}a_{11}^{-1}\overline{\boldsymbol{B}}^{\mathrm{T}})+\boldsymbol{B}a_{11}^{-1}\overline{\boldsymbol{B}}^{\mathrm{T}}\| \\ &> \|\boldsymbol{A}_1-\boldsymbol{B}a_{11}^{-1}\overline{\boldsymbol{B}}^{\mathrm{T}}\|\end{aligned}$$

由此即知

$$\|\boldsymbol{A}\|\leqslant a_{11}\|\boldsymbol{A}_1\|$$

且等号成立的充要条件为 $\boldsymbol{B}=\boldsymbol{0}$，再用归纳法即可证上述断言.

上面用到的文献[3]中的定理 19 是这样的：

如果 $\boldsymbol{B}$ 为正定矩阵而 $\boldsymbol{A}$ 为半正定矩阵，且 $\boldsymbol{A}\neq\boldsymbol{0}$，那么 $\|\boldsymbol{A}+\boldsymbol{B}\|>\|\boldsymbol{B}\|$.

在文献[3]中对四元数矩阵 $\boldsymbol{A}=(a_{ij})_{n\times n}$ 定义了

$$|\boldsymbol{A}|^{行}=\sum(\pm a_{1i}a_{ij}a_{js}\cdots)$$

其中每项恰相应于一个 n 阶置换 σ 分解为彼此独立轮换的乘积的分解式

$$\sigma=(1ijs\cdots)(r\cdots)\cdots(t\cdots)$$

第 1 个因子的第 1 个数码必须是 1，第 2 个因子的第 1 个数码 r 是从 $1,\cdots,n$ 中除去第 1 个因子中的数码的最小数码，依此类推. 设轮换因子的个数为 d(包括1项轮换在内)，则此项的前面就加上符号 $(-1)^{n-d}$. 当 $\boldsymbol{A}$ 为实数矩阵时，$|\boldsymbol{A}|^{行}$ 就与通常的 $|\boldsymbol{A}|$ 一致.

在文献[3]中证明了对自共轭矩阵 $\boldsymbol{A}$ 恒有 $\|\boldsymbol{A}\|=|\boldsymbol{A}|^{行}$(以下简称展开定理).

下面就在这些结果的基础上来证明三个引理，然后再证推广定理.

引理 1　设 $\boldsymbol{A}$ 为四元数体 K 上的 n 阶矩阵. 如果 $\boldsymbol{A}$

是可中心化的，那么 $\overline{\boldsymbol{A}}^{\mathrm{T}}$ 亦然，且 $\|\boldsymbol{A}\|=\|\overline{\boldsymbol{A}}^{\mathrm{T}}\|$.

证　$\lambda\boldsymbol{I}-\boldsymbol{A}$ 和 $\lambda\boldsymbol{I}-\overline{\boldsymbol{A}}^{\mathrm{T}}$ 对照着进行初等变换：当把 $\lambda\boldsymbol{I}-\boldsymbol{A}$ 的 i 行的左 $g(\lambda)$ 倍加于 j 行时，就同时把 $\lambda\boldsymbol{I}-\overline{\boldsymbol{A}}_{ij}^{\mathrm{T}}$ 的 i 列的右 $\overline{g(\lambda)}$ 倍加于 j 列；当用 $\alpha\neq 0$ 左乘前者的 i 行时，就同时用 $\overline{\alpha}$ 右乘后者的 i 列. 同样对前者的列进行初等变换时，就同时对后者相应的行进行“共轭性”的初等变换. 在这样对照着进行初等变换时，前后两矩阵永远保持互为转置共轭矩阵的关系. 所以当前者化成式(1) 时，后者就化成式(1) 的转置共轭矩阵，即式(1) 自身. 引理 1 证毕.

系　$\boldsymbol{A}$ 非奇异等价于 $\overline{\boldsymbol{A}}^{\mathrm{T}}$ 非奇异.

引理 2　对任意 n 阶四元数矩阵 $\boldsymbol{A}$，有

$$\boldsymbol{A}\overline{\boldsymbol{A}}^{\mathrm{T}} \text{ 与 } \begin{pmatrix}-\boldsymbol{I} & \overline{\boldsymbol{A}}^{\mathrm{T}}\\ \boldsymbol{A} & \boldsymbol{0}\end{pmatrix}$$

均可中心化，且有

$$\left\|\begin{matrix}-\boldsymbol{I} & \overline{\boldsymbol{A}}^{\mathrm{T}}\\ \boldsymbol{A} & \boldsymbol{0}\end{matrix}\right\|=(-1)^n\|\boldsymbol{A}\overline{\boldsymbol{A}}^{\mathrm{T}}\|$$

证　由等式

$$\begin{pmatrix}\boldsymbol{I} & \boldsymbol{0}\\ \boldsymbol{A} & \boldsymbol{I}\end{pmatrix}\begin{pmatrix}-\boldsymbol{I} & \overline{\boldsymbol{A}}^{\mathrm{T}}\\ \boldsymbol{A} & \boldsymbol{0}\end{pmatrix}\begin{pmatrix}\boldsymbol{I} & \overline{\boldsymbol{A}}^{\mathrm{T}}\\ \boldsymbol{0} & \boldsymbol{I}\end{pmatrix}=\begin{pmatrix}-\boldsymbol{I} & \boldsymbol{0}\\ \boldsymbol{0} & \boldsymbol{A}\overline{\boldsymbol{A}}^{\mathrm{T}}\end{pmatrix}$$

易知上式左边表示对中间矩阵进行若干次成套的消法变换，故由前面陈述过的文献[2] 中的定理 19 及文献[1] 中的定理 9 的系 1，即得

$$\left\|\begin{matrix}-\boldsymbol{I} & \overline{\boldsymbol{A}}^{\mathrm{T}}\\ \boldsymbol{A} & \boldsymbol{0}\end{matrix}\right\|=\left\|\begin{matrix}-\boldsymbol{I} & \boldsymbol{0}\\ \boldsymbol{0} & \boldsymbol{A}\overline{\boldsymbol{A}}^{\mathrm{T}}\end{matrix}\right\|=\|-\boldsymbol{I}\|\ \|\boldsymbol{A}\overline{\boldsymbol{A}}^{\mathrm{T}}\|$$
$$=(-1)^n\|\boldsymbol{A}\overline{\boldsymbol{A}}^{\mathrm{T}}\|$$

引理 3　如果 $\boldsymbol{A}$ 可中心化，那么

$$\|A\overline{A}^{\mathrm{T}}\| = \|A\|^2$$

证　把 λ 看作一个未知实数且由

$$\boldsymbol{W}(\lambda) = \begin{pmatrix} -\boldsymbol{I} & \lambda\boldsymbol{I} - \overline{\boldsymbol{A}}^{\mathrm{T}} \\ \lambda\boldsymbol{I} - \boldsymbol{A} & \boldsymbol{0} \end{pmatrix}$$

(因在体上尚未定义一般的行列式,故不能交换 $\boldsymbol{W}(\lambda)$ 的行或列,使它成为通常的特征矩阵,这正是本证明的关键思路所在,必须保持自共轭性),则 $\boldsymbol{W}(\lambda)$ 为自共轭矩阵.由 $\boldsymbol{A}$ 可中心化,即知 $\lambda\boldsymbol{I}-\boldsymbol{A}$ 可简化成式(1).不过,我们在进行倍法变换时,如限制其使用的倍数 α 的绝对值恒为 1,则应有

$$\lambda\boldsymbol{I} - \boldsymbol{A} \cong \begin{pmatrix} a_1 & & & & & \\ & \ddots & & & & \\ & & a_{n-r} & & & \\ & & & \psi_1(\lambda) & & \\ & & & & \ddots & \\ & & & & & \psi_r(\lambda) \end{pmatrix} \quad (2)$$

其中,$a_1,\cdots,a_{n-r}$ 及 $\psi_i(\lambda)$ 的首项系数均为正实数,且仍有 $\psi_1(\lambda),\psi_2(\lambda),\cdots,\psi_r(\lambda)$ 是首项系数为 1 的多项式,亦即有 $K[\lambda]$ 上的可逆矩阵 $\boldsymbol{P}(\lambda),\boldsymbol{Q}(\lambda)$ 使

$$\boldsymbol{P}(\lambda)(\lambda\boldsymbol{I} - \boldsymbol{A})\boldsymbol{Q}(\lambda)$$

$$= \begin{pmatrix} a_1 & & & & & \\ & \ddots & & & & \\ & & a_{n-r} & & & \\ & & & \psi_1(\lambda) & & \\ & & & & \ddots & \\ & & & & & \psi_r(\lambda) \end{pmatrix} = \boldsymbol{D}(\lambda)$$

从而由文献[2]中的命题 1(关于乘积取转置共轭的公

式)有

$$\overline{\boldsymbol{Q}(\lambda)^{\mathrm{T}}}(\lambda \boldsymbol{I}-\overline{\boldsymbol{A}}^{\mathrm{T}})\overline{\boldsymbol{P}(\lambda)^{\mathrm{T}}}=\overline{\boldsymbol{D}(\lambda)^{\mathrm{T}}}=\boldsymbol{D}(\lambda)$$

现在令

$$\boldsymbol{R}(\lambda)=\begin{pmatrix}\overline{\boldsymbol{Q}(\lambda)^{\mathrm{T}}} & \boldsymbol{0}\\ \boldsymbol{0} & \boldsymbol{P}(\lambda)\end{pmatrix},\overline{\boldsymbol{R}(\lambda)^{\mathrm{T}}}=\begin{pmatrix}\boldsymbol{Q}(\lambda) & \boldsymbol{0}\\ \boldsymbol{0} & \overline{\boldsymbol{P}(\lambda)^{\mathrm{T}}}\end{pmatrix}$$

则有

$$\boldsymbol{R}(\lambda)\boldsymbol{W}(\lambda)\overline{\boldsymbol{R}(\lambda)^{\mathrm{T}}}=\begin{pmatrix}-\overline{\boldsymbol{Q}(\lambda)^{\mathrm{T}}}\boldsymbol{Q}(\lambda) & \boldsymbol{D}(\lambda)\\ \boldsymbol{D}(\lambda) & \boldsymbol{0}\end{pmatrix}$$

且由倍法变换的限制及文献[2]中的定理20及21(即前面已简单提过的事实)知

$$\|\boldsymbol{R}(\lambda)\overline{\boldsymbol{R}(\lambda)^{\mathrm{T}}}\|=1$$

$$\boldsymbol{W}(\lambda)=\begin{Vmatrix}-\overline{\boldsymbol{Q}(\lambda)^{\mathrm{T}}}\boldsymbol{Q}(\lambda) & \boldsymbol{D}(\lambda)\\ \boldsymbol{D}(\lambda) & \boldsymbol{0}\end{Vmatrix}$$

再由文献[3]中的展开定理(即 $\|\boldsymbol{A}\|=|\boldsymbol{A}|^{行}$ 对自共轭的 $\boldsymbol{A}$ 成立)得

$$|W(\lambda)|^{行}=\begin{vmatrix}-\overline{\boldsymbol{Q}(\lambda)^{\mathrm{T}}}\boldsymbol{Q}(\lambda) & \boldsymbol{D}(\lambda)\\ \boldsymbol{D}(\lambda) & \boldsymbol{0}\end{vmatrix}^{行}$$
$$=(-1)^n a_1^2\cdots a_{n-r}^2[\psi_1(\lambda)]^2\cdots[\psi_r(\lambda)]^2 \tag{3}$$

比较两边 λ^{2n} 的系数,从左边来说,项 $(\lambda-\overline{a}_{11})(\lambda-a_{11})\cdots(\lambda-\overline{a}_{nn})(\lambda-a_{nn})$ 的前面应加符号 $(-1)^n$,因此项相应的置换 σ 分解成轮换的特定因子次序的分解式为

$$\sigma=(1,n+1)(2,n+2)\cdots(n,2n)$$

共 n 个因子,故符号为 $(-1)^{2n-n}=(-1)^n$. 从右边来说,λ^{2n} 的系数自然是 $(-1)^n a_1^2\cdots a_{n-r}^2 b_1^2\cdots b_r^2$,其中 b_i 为 $\psi_i(\lambda)$ 的首项系数 $(i=1,\cdots,r)$. 由此可知,必有

$a_1^2\cdots a_{n-r}^2b_1^2\cdots b_r^2=1$，即 $a_1\cdots a_{n-r}b_1\cdots b_r=1$. 所以 $D(\lambda)$ 的对角线上的元素的积正好应为 $\boldsymbol{A}$ 与 $\overline{\boldsymbol{A}}^{\mathrm{T}}$ 的共同的弱特征多项式

$$f(\lambda)=a_1\cdots a_{n-r}\psi_1(\lambda)\cdots\psi_r(\lambda)=\varphi_1(\lambda)\cdots\varphi_r(\lambda)$$

于是便有

$$\begin{aligned}\|\boldsymbol{A}\|=\|\overline{\boldsymbol{A}}^{\mathrm{T}}\|&=(-1)^n f(0)\\&=(-1)^n a_1\cdots a_{n-r}\psi_1(0)\cdots\psi_r(0)\end{aligned}$$

今在式(3)中令 $\lambda=0$，并由文献[3]中的展开定理即得

$$\begin{aligned}\left\|\begin{matrix}-\boldsymbol{I} & -\overline{\boldsymbol{A}}^{\mathrm{T}}\\-\boldsymbol{A} & \boldsymbol{0}\end{matrix}\right\|=\left|\begin{matrix}-\boldsymbol{I} & -\overline{\boldsymbol{A}}^{\mathrm{T}}\\-\boldsymbol{A} & \boldsymbol{0}\end{matrix}\right|^{行}\\&=(-1)^n a_1^2\cdots a_{n-r}^2[\psi_1(0)]^2\cdots[\psi_r(0)]^2\\&=(-1)^n\|\boldsymbol{A}\|^2\end{aligned}$$

另外，由定义显然有

$$\begin{aligned}\left|\begin{matrix}-\boldsymbol{I} & -\overline{\boldsymbol{A}}^{\mathrm{T}}\\-\boldsymbol{A} & \boldsymbol{0}\end{matrix}\right|^{行}&=(-1)^{2n}\left|\begin{matrix}-\boldsymbol{I} & \overline{\boldsymbol{A}}^{\mathrm{T}}\\\boldsymbol{A} & \boldsymbol{0}\end{matrix}\right|^{行}\\&=\left|\begin{matrix}-\boldsymbol{I} & \overline{\boldsymbol{A}}^{\mathrm{T}}\\\boldsymbol{A} & \boldsymbol{0}\end{matrix}\right|^{行}\end{aligned}$$

故再由展开定理得

$$\begin{aligned}\left\|\begin{matrix}-\boldsymbol{I} & -\overline{\boldsymbol{A}}^{\mathrm{T}}\\-\boldsymbol{A} & \boldsymbol{0}\end{matrix}\right\|=\left|\begin{matrix}-\boldsymbol{I} & -\overline{\boldsymbol{A}}^{\mathrm{T}}\\-\boldsymbol{A} & \boldsymbol{0}\end{matrix}\right|^{行}&=\left|\begin{matrix}-\boldsymbol{I} & \overline{\boldsymbol{A}}^{\mathrm{T}}\\\boldsymbol{A} & \boldsymbol{0}\end{matrix}\right|^{行}\\&=\left\|\begin{matrix}-\boldsymbol{I} & \overline{\boldsymbol{A}}^{\mathrm{T}}\\\boldsymbol{A} & \boldsymbol{0}\end{matrix}\right\|\end{aligned}$$

于是由引理 2 即得

$$\|\boldsymbol{A}\overline{\boldsymbol{A}}^{\mathrm{T}}\|=(-1)^n\left\|\begin{matrix}-\boldsymbol{I} & \overline{\boldsymbol{A}}^{\mathrm{T}}\\\boldsymbol{A} & \boldsymbol{0}\end{matrix}\right\|$$

$$=(-1)^n\begin{Vmatrix}-\boldsymbol{I} & -\overline{\boldsymbol{A}}^{\mathrm{T}}\\ -\boldsymbol{A} & \boldsymbol{0}\end{Vmatrix}=\|\boldsymbol{A}\|^2$$

Hadamard**定理的推广** 设$\boldsymbol{A}=(a_{ij})_{n\times n}$为可中心化非奇异的四元数矩阵,则

$$\|\boldsymbol{A}\|=\sqrt{\prod_{i=1}^{n}(a_{i1}\overline{a}_{i1}+a_{i2}\overline{a}_{i2}+\cdots+a_{in}\overline{a}_{in})}$$

且等号成立的充要条件为$\boldsymbol{A}$的各行为广义正交的.

证 首先由前面陈述过的文献[2]中的定理9知,$\boldsymbol{A}\overline{\boldsymbol{A}}^{\mathrm{T}}$为正定自共轭矩阵,再由前面简证过的文献[3]中的定理14知

$$\|\boldsymbol{A}\overline{\boldsymbol{A}}^{\mathrm{T}}\|\leqslant\prod_{i=1}^{n}(a_{i1}\overline{a}_{i1}+a_{i2}\overline{a}_{i2}+\cdots+a_{in}\overline{a}_{in})$$

且等号成立的充要条件为$\boldsymbol{A}\overline{\boldsymbol{A}}^{\mathrm{T}}$为(实)对角矩阵,亦即$\boldsymbol{A}$的各行为广义正交的.于是由引理3就有

$$\|\boldsymbol{A}\|\leqslant\sqrt{\prod_{i=1}^{n}(a_{i1}\overline{a}_{i1}+a_{i2}\overline{a}_{i2}+\cdots+a_{in}\overline{a}_{in})}$$

且等号成立的充要条件为$\boldsymbol{A}$的各行为广义正交的.证毕.

因为在四元数体K上,实数矩阵$\boldsymbol{A}$是可中心化的,且对$\boldsymbol{A}$的行来说,广义正交即通常的正交,并且$\|\boldsymbol{A}\|=|\boldsymbol{A}|$,故此定理为Hadamard定理的推广.

参考文献

[1] 谢邦杰.任意体上可中心化矩阵的行列式[J].吉林大学自然科学学报,1980(3):1-33.

[2] 谢邦杰.四元数体上的自共轭矩阵[J].吉林大学学报,1978(6):10-26.

[3] 谢邦杰.自共轭四元数矩阵的行列式的展开定理及其应用[J].数学学报,1980(5):668-683.

正定 Hermite 阵的行列式上界与 Hadamard 不等式的改进[①]

第 8 章

§1 引 言

J. Hadamard 在 1893 年建立了任一非奇异阵 $\mathbf{A}=(a_{ij})_{n\times n}$ 的行列式的著名不等式

$$|\det \mathbf{A}|\leqslant \left(\prod_{i=1}^{n}\sum_{j=1}^{n}|a_{ij}|^2\right)^{1/2} \quad (1)$$

1978 年，Schinzel 证明了下式

$$|\det \mathbf{A}|\leqslant \prod_{i=1}^{n}\max\left(\sum_{\substack{j=1\\ a_{ij}>0}}^{n}a_{ij},\sum_{\substack{j=1\\ a_{ij}<0}}^{n}|a_{ij}|\right) \quad (2)$$

其中 $\mathbf{A}=(a_{ij})_{n\times n}$ 是任一实方阵，Johnson 与 Newman 把式(2) 改进为

① 摘自《复旦学报(自然科学版)》，1986，25(4)：429-435.

$$|\det \boldsymbol{A}| \leqslant \prod_{i=1}^{n} \max\left(\sum_{\substack{j=1\\ a_{ij}>0}}^{n} a_{ij}, \sum_{\substack{j=1\\ a_{ij}<0}}^{n} |a_{ij}|\right) - \prod_{i=1}^{n} \min\left(\sum_{\substack{j=1\\ a_{ij}>0}}^{n} a_{ij}, \sum_{\substack{j=1\\ a_{ij}<0}}^{n} |a_{ij}|\right) \qquad (3)$$

与此同时,Minc 得到关于复方阵的类似于式(3)的不等式.另外,谢邦杰在1979年对 Hadamard 不等式(1)做了推广,证明了式(1)对四元数体上的可中心化非奇异阵仍成立.

很明显,对非负实方阵来说,不等式(3)显然比不等式(1)粗糙,即使对不是非负矩阵的实方阵来说,不等式(3)也经常不及不等式(1)精确(例如,本章§2的例2).

复旦大学数学系屠伯埙教授1986年给出了任一正定 Hermite 阵的行列式的上界估计式,该式改进了过去大家熟知的关于正定 Hermite 阵的行列式上界,并给出这个新的不等式一个有趣的应用,作为推论,我们得到了一个比 Hadamard 不等式精确的估计式.最后,本章还给出另外一些关于非正规阵的行列式上界的新的估计式.

§2 正定 Hermite 阵的行列式上界与 Hadamard 不等式的改进

本节将用到下列两个众所周知的事实:

引理 1(Schur) 设 $\boldsymbol{A}=\begin{pmatrix}\boldsymbol{A}_k & \boldsymbol{B}\\ \boldsymbol{C} & \boldsymbol{D}\end{pmatrix}$ 是 n 阶复方阵,

其中 $\boldsymbol{A}_k$ 是 $\boldsymbol{A}$ 的 k 阶非异顺序主子阵，则

$$\det \boldsymbol{A} = \det \boldsymbol{A}_k \cdot \det \boldsymbol{A}/\boldsymbol{A}_k \tag{4}$$

这里，$\boldsymbol{A}/\boldsymbol{A}_k = \boldsymbol{D} - \boldsymbol{C}\boldsymbol{A}_k^{-1}\boldsymbol{B}$ 是 $\boldsymbol{A}$ 的(关于 $\boldsymbol{A}_k$ 的)Schur 补.

引理 2 设 $\boldsymbol{A} = (a_{ij})_{n\times n}$ 是正定 Hermite 阵，则

$$\det \boldsymbol{A} \leqslant \prod_{i=1}^{n} a_{ii} \tag{5}$$

设 $\boldsymbol{A} = (a_{ij})_{n\times n}$ 是一个 $n \times n$ 复矩阵，记

$$\boldsymbol{A}\begin{pmatrix} i_1 & \cdots & i_k \\ j_1 & \cdots & j_k \end{pmatrix} = \begin{pmatrix} a_{i_1 j_1} & \cdots & a_{i_1 j_k} \\ \vdots & & \vdots \\ a_{i_k j_1} & \cdots & a_{i_k j_k} \end{pmatrix}$$

$$1 \leqslant i_1 < \cdots < i_k \leqslant n$$

$$1 \leqslant j_1 < \cdots < j_k \leqslant n$$

对某些 $k, 1 \leqslant k \leqslant n-1$，当 $\det \boldsymbol{A}_k = \det \boldsymbol{A}\begin{pmatrix} 1 & 2 & \cdots & k \\ 1 & 2 & \cdots & k \end{pmatrix} \neq 0$ 时，记

$$S_{i-k,j-k}(k) = \det\begin{pmatrix} 1 & \cdots & k & i \\ 1 & \cdots & k & j \end{pmatrix}, k+1 \leqslant i,j \leqslant n$$

定义 称 $(n-k)\times(n-k)$ 阵

$$\boldsymbol{S}(k) = \begin{pmatrix} S_{11}(k) & \cdots & S_{1,n-k}(k) \\ \vdots & & \vdots \\ S_{n-k,1}(k) & \cdots & S_{n-k,n-k}(k) \end{pmatrix}, 1 \leqslant k \leqslant n-1$$

为 $\boldsymbol{A}$ 关于 $\boldsymbol{A}_k$ 的 Sylvester 矩阵.

关于 $\boldsymbol{A}/\boldsymbol{A}_k$ 与 $\boldsymbol{S}(k)$ 有如下关系式

$$\boldsymbol{A}/\boldsymbol{A}_k = \frac{1}{\det \boldsymbol{A}_k}\boldsymbol{S}(k) \tag{6}$$

其中 k 是正整数，且 $1 \leqslant k \leqslant n-1$.

由式(6)及引理 1 显然又可得下述推论：

推论 1(Sylvester) 设 $\boldsymbol{A}_k$ 是 n 阶复矩阵 $\boldsymbol{A}$ 的 k 阶非异顺序主子阵,$\boldsymbol{S}(k)$ 是 $\boldsymbol{A}$ 关于 $\boldsymbol{A}_k$ 的 Sylvester 阵,则

$$\det \boldsymbol{A} = \frac{1}{\det \boldsymbol{A}_k)^{n-k-1}} \det \boldsymbol{S}(k), 1 \leqslant k \leqslant n-1 \quad (7)$$

定理 1 设 $\boldsymbol{A}=(a_{ij})_{n\times n}$ 是正定 Hermite 阵,则

$$\det \boldsymbol{A} \leqslant \min_{1\leqslant k\leqslant n-1} \left\{ \frac{1}{\det (\boldsymbol{A}_k)^{n-k-1}} \prod_{i=k+1}^{n} \det \boldsymbol{A} \begin{pmatrix} 1 & \cdots & k & i \\ 1 & \cdots & k & i \end{pmatrix} \right\} \quad (8)$$

这里,$\boldsymbol{A}_k$ 是 $\boldsymbol{A}$ 的 k 阶顺序主子阵.

证 因为 $\boldsymbol{A}$ 是正定 Hermite 阵,所以对任何 k,$1\leqslant k\leqslant n-1$,$\boldsymbol{A}_k$ 均是非奇异阵. 易知 $\boldsymbol{A}$ 可写成

$$\boldsymbol{A} = \begin{pmatrix} \boldsymbol{A}_k & \boldsymbol{B} \\ \overline{\boldsymbol{B}}^{\mathrm{T}} & \boldsymbol{D} \end{pmatrix}, 1\leqslant k\leqslant n-1$$

此处 $\overline{\boldsymbol{B}}^{\mathrm{T}}$ 是 $\boldsymbol{B}$ 的共轭转置阵.

易证,存在 n 阶非奇异阵

$$\boldsymbol{P} = \begin{pmatrix} \boldsymbol{I}_k & -\boldsymbol{A}_k^{-1}\boldsymbol{B} \\ \boldsymbol{0} & \boldsymbol{I}_{n-k} \end{pmatrix}$$

使得

$$\overline{\boldsymbol{P}}^{\mathrm{T}}\boldsymbol{A}\boldsymbol{P} = \begin{pmatrix} \boldsymbol{A}_k & \boldsymbol{0} \\ \boldsymbol{0} & \boldsymbol{A}/\boldsymbol{A}_k \end{pmatrix}$$

其中 $\boldsymbol{I}_t$ 是 t 阶单位阵.

因为 $\boldsymbol{A}$ 是正定 Hermite 阵,所以 $\boldsymbol{P}^{\mathrm{T}}\boldsymbol{A}\boldsymbol{P}$ 仍是正定 Hermite 阵,因而 $\boldsymbol{A}/\boldsymbol{A}_k$ 也是正定 Hermite 阵. 再由式(6)可知,$\boldsymbol{S}(k)$ 也是正定 Hermite 阵,于是由引理 2 可得

$$\det \boldsymbol{S}(k) \leqslant \prod_{i=1}^{n-k} S_{ii}(k) = \prod_{i=k+1}^{n} \det \boldsymbol{A} \begin{pmatrix} 1 & \cdots & k & i \\ 1 & \cdots & k & i \end{pmatrix}$$

$$1 \leqslant k \leqslant n-1 \tag{9}$$

由式(7) 与式(9) 即得式(8),证毕.

定理 2 设 $\boldsymbol{A}=(a_{ij})_{n\times n}$ 是正定 Hermite 阵,则

$$\det \boldsymbol{A} \leqslant \min_{1\leqslant i\leqslant n}\left\{a_{ii}\cdot\prod_{\substack{j=1\\ j\neq i}}^{n}\left(a_{jj}-\frac{|a_{ij}|^2}{a_{ii}}\right)\right\} \tag{10}$$

证 由式(8),取 $k=1$,显然可得

$$\det \boldsymbol{A} \leqslant \frac{1}{a_{11}^{n-2}}\prod_{i=2}^{n}\det \boldsymbol{A}\begin{pmatrix}1 & i\\ 1 & i\end{pmatrix}$$

$$=a_{11}\prod_{i=2}^{n}\left(a_{ii}-\frac{|a_{1i}|^2}{a_{11}}\right) \tag{11}$$

因为 $a_{ii}>0, i=1,2,\cdots,n$,所以对任何 $i, 1\leqslant i\leqslant n$,必存在 n 阶排列阵

$$\boldsymbol{E}_{1i}=(\boldsymbol{e}_i,\boldsymbol{e}_2,\cdots,\boldsymbol{e}_{i-1},\overset{i}{\boldsymbol{e}_1},\boldsymbol{e}_{i+1},\cdots,\boldsymbol{e}_n)$$

使 $\boldsymbol{E}_{1i}^{\mathrm{T}}\boldsymbol{A}\boldsymbol{E}_{1i}$ 的第一行、第一列的元素是 a_{ii},这里

$$\boldsymbol{e}_i=(0,\cdots,0,\overset{i}{1},0,\cdots,0)^{\mathrm{T}}, i=1,2,\cdots,n$$

因为 $\boldsymbol{E}_{1i}^{\mathrm{T}}\boldsymbol{A}\boldsymbol{E}_{1i}$ 也是正定 Hermite 阵,所以由式(11) 可得

$$\det \boldsymbol{A}=\det(\boldsymbol{E}_{1i}^{\mathrm{T}}\boldsymbol{A}\boldsymbol{E}_{1i})$$

$$\leqslant a_{ii}\cdot\prod_{\substack{j=1\\ j\neq i}}^{n}\left(a_{jj}-\frac{|a_{ij}|^2}{a_{ii}}\right), i=2,\cdots,n \tag{12}$$

由式(11) 与(12) 即得式(10),证毕.

不等式(10) 确实改进了不等式(5)(除非 $\boldsymbol{A}$ 是对角阵),且由于式(10) 是取 n 个不等式的最小者,故式(10) 比式(5) 有较大的改善.

作为式(10) 的一个有趣的应用,我们可有:

推论 2 设 $\boldsymbol{\beta}_1,\boldsymbol{\beta}_2,\cdots,\boldsymbol{\beta}_s$ 是任意维酉空间 V 的线性无关向量,对任何正整数 r,记

$$G_r(\boldsymbol{\beta}_1,\boldsymbol{\beta}_2,\cdots,\boldsymbol{\beta}_s)=\begin{pmatrix}(\boldsymbol{\beta}_1,\boldsymbol{\beta}_1)^r & \cdots & (\boldsymbol{\beta}_1,\boldsymbol{\beta}_s)^r\\ \vdots & & \vdots\\ (\boldsymbol{\beta}_s,\boldsymbol{\beta}_1)^r & \cdots & (\boldsymbol{\beta}_s,\boldsymbol{\beta}_s)^r\end{pmatrix}$$
$$=((\boldsymbol{\beta}_i,\boldsymbol{\beta}_j)^r)_{s\times s}$$

则

$$\det G_r(\boldsymbol{\beta}_1,\boldsymbol{\beta}_2,\cdots,\boldsymbol{\beta}_s)$$
$$\leqslant\min_{1\leqslant i\leqslant s}\left\{(\boldsymbol{\beta}_i,\boldsymbol{\beta}_i)^r\cdot\prod_{\substack{j=1\\ j\neq i}}^{n}\left((\boldsymbol{\beta}_j,\boldsymbol{\beta}_j)^r-\frac{|(\boldsymbol{\beta}_i,\boldsymbol{\beta}_j)|^{2r}}{(\boldsymbol{\beta}_i,\boldsymbol{\beta}_i)^r}\right)\right\}\tag{13}$$

这里$(\boldsymbol{\alpha},\boldsymbol{\beta})$ 表示 V 中向量 $\boldsymbol{\alpha}$ 与 $\boldsymbol{\beta}$ 的内积.

证 因为 $\boldsymbol{\beta}_1,\boldsymbol{\beta}_2,\cdots,\boldsymbol{\beta}_s$ 线性无关,所以 Gram 矩阵

$$G_1(\boldsymbol{\beta}_1,\boldsymbol{\beta}_2,\cdots,\boldsymbol{\beta}_s)=G(\boldsymbol{\beta}_1,\boldsymbol{\beta}_2,\cdots,\boldsymbol{\beta}_s)=((\boldsymbol{\beta}_i,\boldsymbol{\beta}_j))_{s\times s}$$

是正定 Hermite 阵,于是由华罗庚定理可知$((\boldsymbol{\beta}_i,\boldsymbol{\beta}_j)^r)_{s\times s}$ 也是正定 Hermite 阵. 再由此应用式(10) 即得式(13). 证毕.

例 1 设 $\mathbf{R}[a,b]$ 是定义在实闭区间$[a,b]$上的连续实值函数集合对通常函数加法与数量乘法所成的实数域 $\mathbf{R}$ 上的向量空间. 对 $\mathbf{R}[a,b]$ 中任意两个向量 $\boldsymbol{f},\boldsymbol{g}$,定义内积$(\boldsymbol{f},\boldsymbol{g})=\int_a^b\boldsymbol{f}(x)\boldsymbol{g}(x)\mathrm{d}x$,则 $\mathbf{R}[a,b]$ 是一个欧氏空间. 任取 $\mathbf{R}[a,b]$ 中 s 个线性无关向量 $\boldsymbol{f}_1$, $\boldsymbol{f}_2,\cdots,\boldsymbol{f}_s$,则对任一正整数 r,由式(13) 可得不等式

$$\begin{vmatrix}\left(\int_a^b\boldsymbol{f}_1^2(x)\mathrm{d}x\right)^r & \cdots & \left(\int_a^b\boldsymbol{f}_1(x)\boldsymbol{f}_s(x)\mathrm{d}x\right)^r\\ \vdots & & \vdots\\ \left(\int_a^b\boldsymbol{f}_s(x)\boldsymbol{f}_1(x)\mathrm{d}x\right)^r & \cdots & \left(\int_a^b\boldsymbol{f}_s^2(x)\mathrm{d}x\right)^r\end{vmatrix}$$

$$\leqslant \min_{1\leqslant i\leqslant s}\left\{\left(\int_a^b \boldsymbol{f}_i^2(x)\mathrm{d}x\right)^r \cdot \prod_{\substack{j=1\\ j\neq i}}^{s}\left[\left(\int_a^b \boldsymbol{f}_j^2(x)\mathrm{d}x\right)^r - \frac{\left|\int_a^b \boldsymbol{f}_i(x)\boldsymbol{f}_j(x)\mathrm{d}x\right|^{2r}}{\left(\int_a^b \boldsymbol{f}_i^2(x)\mathrm{d}x\right)^r}\right]\right\}$$

定理 3 对任何非奇异复方阵 $\boldsymbol{A}=(a_{ij})_{n\times n}$，恒有

$$|\det \boldsymbol{A}| \leqslant \min_{1\leqslant i<n}\sqrt{\sum_{k=1}^{n}|a_{ik}|^2 \cdot \prod_{\substack{j=1\\ j\neq i}}^{n}\left(\sum_{k=1}^{n}|a_{jk}|^2 - \frac{\left|\sum_{k=1}^{n} a_{ik}\overline{a_{jk}}\right|}{\sum_{k=1}^{n}|a_{ik}|^2}\right)} \tag{14}$$

证 因为 $\boldsymbol{A}\overline{\boldsymbol{A}}^{\mathrm{T}}=\boldsymbol{B}=(b_{ij})_{n\times n}$ 是正定 Hermite 阵，所以由式(10) 可得

$$|\det \boldsymbol{A}|^2=\det \boldsymbol{B}\leqslant \min_{1\leqslant i\leqslant n}\left\{b_{ii}\cdot \prod_{\substack{j=1\\ j\neq i}}^{n}\left(b_{jj}-\frac{|b_{ij}|^2}{b_{ii}}\right)\right\}$$

由上式即得式(14). 证毕.

显然，不等式(14) 比不等式(1) 精确(除非 $\boldsymbol{A}$ 的行两两正交).

例 2 对下列 4 阶阵

$$\boldsymbol{A}=\begin{pmatrix} 3 & 3 & 2 & 2\\ 1 & 4 & 3 & 2\\ 1 & -2 & 4 & 3\\ -1 & -3 & -2 & 4 \end{pmatrix}$$

易知 $\boldsymbol{A}$ 是非奇异阵.

若应用 Hadamard 不等式(1) 于上述 $\boldsymbol{A}$，可得估计式

$$|\det \boldsymbol{A}| \leqslant \sqrt{26\times 30\times 30\times 30}=30\sqrt{780}<840$$

而由 Johnson-Newman 不等式可得估计式

$$|\det \boldsymbol{A}| \leqslant 10 \times 10 \times 8 \times 6 = 4\ 800$$

如果应用不等式(14)，那么经简单计算，易知对本例的 $\boldsymbol{A}$ 来说，$|\det \boldsymbol{A}|$ 的四个上界估计式中($1 \leqslant i \leqslant 4$)，当取 $i=1$ 时，其值最小，且可算得

$$|\det \boldsymbol{A}| \leqslant \sqrt{\sum_{k=1}^{4} |a_{1k}|^2 \cdot \prod_{j=2}^{4} \left(\sum_{k=1}^{4} |a_{jk}|^2 - \frac{\left| \sum_{k=1}^{4} a_{1k} a_{jk} \right|^2}{\sum_{k=1}^{4} |a_{1k}|^2} \right)}$$

$$= \sqrt{26 \times \left[30 - \frac{(25)^2}{26}\right] \times \left[30 - \frac{(11)^2}{26}\right] \times \left[30 - \frac{(-8)^2}{26}\right]}$$

$$= \frac{1}{26}\sqrt{155 \times 659 \times 716} < 331 < 30\sqrt{780}$$

上例表明，不等式(14)不仅较大地改进了 Hadamard 不等式，且远比 Johnson-Newman 不等式精确.

注 我们猜测，不等式(14)对四元数除环上的可中心化非奇异阵仍然成立.

§3 非正规阵的行列式上界估计式

本节将提供关于非正规阵行列式的另一些新的上界估计式，以下讨论的方阵 $\boldsymbol{A}$ 均指非正规阵，不再另作说明①.

---

① 本节的结论虽然对正规阵仍然正确，但所得估计式不比不等式(1)精确，所以意义不大.

引理 3 设 $\lambda_1,\lambda_2,\cdots,\lambda_n$ 是 n 阶复方阵

$$\boldsymbol{A}=\begin{pmatrix}\boldsymbol{A}_k & \boldsymbol{B}_k\\ \boldsymbol{C}_k & \boldsymbol{D}_k\end{pmatrix}$$

的特征值,其中 $\boldsymbol{A}_k$ 是 $\boldsymbol{A}$ 的 k 阶顺序主子阵,$1\leqslant k\leqslant n-1$,则

$$\sum_{i=1}^{n}|\lambda_i|^2\leqslant\|\boldsymbol{A}\|^2-\max_{1\leqslant k\leqslant n-1}(\|\boldsymbol{B}_k\|-\|\boldsymbol{C}_k\|)^2 \tag{15}$$

此处 $\|\boldsymbol{M}\|$ 表示 $m\times n$ 阵 $\boldsymbol{M}$ 的范数,即 $\|\boldsymbol{M}\|=\sqrt{\operatorname{tr}(\boldsymbol{M}\overline{\boldsymbol{M}}^{\mathrm{T}})}$,而 $\operatorname{tr}(\boldsymbol{K})$ 表示方阵 $\boldsymbol{K}$ 的迹.

引理 4 $\boldsymbol{A}_k,\boldsymbol{B}_k\neq\boldsymbol{0},\boldsymbol{C}_k\neq\boldsymbol{0}$ 与 $\lambda_1,\cdots,\lambda_n$ 的假设同引理 3,记

$$\boldsymbol{A}(k)=\begin{pmatrix}\boldsymbol{A}_k & \dfrac{\|\boldsymbol{C}_k\|^{1/2}}{\|\boldsymbol{B}_k\|^{1/2}}\boldsymbol{B}_k\\ \dfrac{\|\boldsymbol{B}_k\|^{1/2}}{\|\boldsymbol{C}_k\|^{1/2}}\boldsymbol{C}_k & \boldsymbol{D}_k\end{pmatrix}$$

则

$$\sum_{i=1}^{n}|\lambda_i|^2\leqslant\min_{1\leqslant k\leqslant n-1}\left\{(\|\boldsymbol{A}\|^2-(\|\boldsymbol{B}_k\|-\|\boldsymbol{C}_k\|)^2)^2-\frac{1}{2}\|[\boldsymbol{A}(k),\overline{\boldsymbol{A}(k)^{\mathrm{T}}}]\|^2\right\}^{1/2} \tag{16}$$

此处换位子矩阵 $[\boldsymbol{M},\boldsymbol{N}]$ 的意义是 $[\boldsymbol{M},\boldsymbol{N}]=\boldsymbol{MN}-\boldsymbol{NM}$.

定理 4 设 $\boldsymbol{A}=(a_{ij})_{n\times n}$ 是复方阵,记

$$|a_{pq}|=\max_{1\leqslant i,j\leqslant n}|a_{ij}|$$

又设 $\boldsymbol{P}$ 与 $\boldsymbol{Q}$ 是这种 n 阶排列阵，它使 $\boldsymbol{PAQ}$ 的第一行、第一列的元素为 a_{pq}. 又记 $\boldsymbol{PAQ}$ 的关于 a_{pq} 的 Sylvester 矩阵为 $\boldsymbol{S}_M(1)$，并且 $\boldsymbol{S}_M(1)$ 如下分块

$$\boldsymbol{S}_M(1)=\begin{pmatrix}\boldsymbol{S}_r & \boldsymbol{T}_r\\ \boldsymbol{U}_r & \boldsymbol{V}_r\end{pmatrix},1\leqslant r\leqslant n-2$$

其中 $\boldsymbol{S}_r$ 是 $\boldsymbol{S}_M(1)$ 的 r 阶顺序主子阵，则

$$|\det \boldsymbol{A}|\leqslant\frac{\{\|\boldsymbol{S}_M(1)\|^2-\max\limits_{1\leqslant r\leqslant n-2}(\|\boldsymbol{T}_r\|-\|\boldsymbol{U}_r\|)^2\}^{(n-1)/2}}{|a_{pq}|^{n-2}(n-1)^{(n-1)/2}} \tag{17}$$

证 设 $\mu_1,\mu_2,\cdots,\mu_{n-1}$ 是 $\boldsymbol{S}_M(1)$ 的特征值，则由式(15) 可知

$$\sum_{i=1}^{n-1}|\mu_i|^2\leqslant\|\boldsymbol{S}_M(1)\|^2-\max_{1\leqslant r\leqslant n-2}(\|\boldsymbol{T}_r\|-\|\boldsymbol{U}_r\|)^2 \tag{18}$$

另外，应用 Cauchy 不等式可得

$$|\det \boldsymbol{S}_M(1)|=\left(\prod_{i=1}^{n-1}|\mu_i|^2\right)^{1/2}\leqslant\left(\frac{\sum\limits_{i=1}^{n-1}|\mu_i|^2}{n-1}\right)^{(n-1)/2} \tag{19}$$

又因 $|\det \boldsymbol{A}|=|\det(\boldsymbol{PAQ})|$，故由(7)(18)(19) 三式即得式(17)，证毕.

用与定理 4 相同的证法以及不等式(16)，即可得：

定理 5 $\boldsymbol{S}_M(1)$，a_{pq} 的假设同定理 4，如果 $\boldsymbol{T}_r$ 与 $\boldsymbol{U}_r$ 都不是零阵，$1\leqslant r\leqslant n-1$，记

$$\boldsymbol{S}_M(1,r)=\begin{pmatrix}\boldsymbol{S}_r & \dfrac{\|\boldsymbol{U}_r\|^{1/2}}{\|\boldsymbol{T}_r\|^{1/2}}\boldsymbol{T}_r\\ \dfrac{\|\boldsymbol{T}_r\|^{1/2}}{\|\boldsymbol{U}_r\|^{1/2}}\boldsymbol{U}_r & \boldsymbol{V}_r\end{pmatrix},1\leqslant r\leqslant n-2$$

那么

$$|\det \boldsymbol{A}|$$
$$\leqslant\frac{\min\left\{\|\boldsymbol{S}_M(1,r)\|^2-(\|\boldsymbol{T}_r\|-\|\boldsymbol{U}_r\|)^2-\frac{1}{2}\|[\boldsymbol{S}_M(1,r),\overline{\boldsymbol{S}_M(1,r)^{\mathrm{T}}}]\|^2\right\}^{(n-1)/4}}{|a_{pq}|^{n-2}(n-1)^{(n-1)/2}}$$

第二编

亚正定阵理论

第9章 亚正定阵理论(Ⅰ)[①]

§1 引 言

实对称阵与正定(实对称)阵的多方面应用曾促使人们将非对称阵加以“对称化”,以解决与原矩阵相关的问题.1936年,Колмогоров 用正定阵乘原矩阵,使乘积成为对称阵,从而解决了概率论中的一些问题.其实,这种想法早已被 Stenzel 所采用[1],更一般地,他以非(奇)异实对称阵乘原矩阵,使之成为对称阵.这种“乘积对称化”的方法在20世纪50年代到70年代间,曾被不少作者作为解决某些问题的“流行”方法.在文献[3][4]中,我们将此想法用于四元数体,或者更一般的非交换域上的矩阵.这种方法且已在建筑工程力学中找到了它的应用.与之相对照,“加法对称化”,即将原方阵与其转置阵相加,使

① 摘自《数学学报》,1990,33(4):462-471.

之成为(实)对称阵,以研究原矩阵的各种问题.这种"加法对称化"的研究却显得过于稀少.1973 年,Johnson 在其博士论文中研究了方阵 $\boldsymbol{A}$ 的对称化 $\boldsymbol{A}+\boldsymbol{A}^{\mathrm{T}}$ 是正定阵时的某些不等式[5].$\boldsymbol{A}+\boldsymbol{A}^{\mathrm{T}}$ 是正定阵的这类实方阵 $\boldsymbol{A}$ 将称为亚正定阵 —— 不仅在理论上,且在应用上(如投入产出的矩阵理论、现代经济管理等)日益显示出来,研究它已很必要了.复旦大学的屠伯埙教授 1990 年详细研究了这类阵的系统理论,给出它的各种基本性质;讨论它的 Kronecker 乘积与 Hadamard 乘积;研究它的行列式界限、特征值分布与估计;讨论它的分解理论及它的标准形问题;并研究它的较为困难的"子(矩阵)结构"问题.

§2 亚正定阵与亚半正定阵

以下均设 $\boldsymbol{A}$ 为 n 阶实阵,非必要时不再另作说明.众所周知,$\boldsymbol{A}$ 有如下分解式

$$\boldsymbol{A}=R(\boldsymbol{A})+S(\boldsymbol{A}) \tag{1}$$

其中

$$R(\boldsymbol{A})=\frac{\boldsymbol{A}+\boldsymbol{A}^{\mathrm{T}}}{2},S(\boldsymbol{A})=\frac{\boldsymbol{A}-\boldsymbol{A}^{\mathrm{T}}}{2} \tag{2}$$

分别称 $R(\boldsymbol{A})$ 与 $S(\boldsymbol{A})$ 为 $\boldsymbol{A}$ 的对称分支与反对称分支.

定义 如果 $\boldsymbol{A}$ 的对称分支 $R(\boldsymbol{A})$ 是半正定阵,那么称 $\boldsymbol{A}$ 为亚半正定阵.如果 $R(\boldsymbol{A})$ 是正定阵,那么称 $\boldsymbol{A}$ 为亚正定阵.

下面是亚半正定阵的例子:

(1) 半正定(实对称)阵(显然)是亚半正定阵.

(2)$\boldsymbol{A}+\boldsymbol{S}$ 是亚半正定阵,其中 $\boldsymbol{A}$ 为亚半正定阵,$\boldsymbol{S}$ 为反对称实阵.

这是因为,$R(\boldsymbol{A}+\boldsymbol{S})=R(\boldsymbol{A})$ 是半正定阵.

下面是亚正定阵的例子:

(1) 正定(实对称) 阵(显然) 是亚正定阵.

(2)$\boldsymbol{A}+\boldsymbol{S}$ 是亚正定阵,其中 $\boldsymbol{A}$ 为亚正定阵,$\boldsymbol{S}$ 为反对称实阵.

这是因为,$R(\boldsymbol{A}+\boldsymbol{S})=R(\boldsymbol{A})$ 是正定阵.

(3)3 阶阵

$$\boldsymbol{A}=\begin{pmatrix}1 & -1 & -1\\ -1 & 2 & 0\\ 1 & 0 & 4\end{pmatrix}$$

是亚正定阵.

这是因为

$$R(\boldsymbol{A})=\begin{pmatrix}1 & -1 & 0\\ -1 & 2 & 0\\ 0 & 0 & 4\end{pmatrix}$$

是正定阵.

(4) 下面定义的所谓"双严格对角占优(实) 阵" $\boldsymbol{A}=(a_{ij})_{n\times n}$ 是亚正定阵,即 $\boldsymbol{A}$ 的元素 a_{ij} 满足

$$|a_{ii}|>\sum_{\substack{j=1\\ j\neq i}}^{n}|a_{ij}|;\ |a_{ii}|>\sum_{\substack{j=1\\ j\neq i}}^{n}|a_{ji}|,i,j=1,2,\cdots,n$$

这是因为

$$|a_{ii}|>\frac{1}{2}\Big[\sum_{\substack{j=1\\ j\neq i}}^{n}|a_{ij}|+\sum_{\substack{j=1\\ j\neq i}}^{n}|a_{ji}|\Big]\geqslant\sum_{\substack{j=1\\ j\neq i}}^{n}\left|\frac{a_{ij}+a_{ji}}{2}\right|$$

故 $R(\boldsymbol{A})$ 是严格对角占优的实对称阵,因而是正定阵[6].

(5) 满足条件

$$\operatorname{tr}\boldsymbol{A} > \sqrt{\frac{n-1}{2}\operatorname{tr}(\boldsymbol{A}(\boldsymbol{A}+\boldsymbol{A}^{\mathrm{T}}))} \tag{3}$$

的 $\boldsymbol{A}$ 是亚正定阵，其中 $\operatorname{tr}\boldsymbol{A}$ 表示方阵 $\boldsymbol{A}$ 的迹.

这是因为，式(3) 可改写为

$$\operatorname{tr}R(\boldsymbol{A}) > \sqrt{(n-1)\operatorname{tr}(R(\boldsymbol{A})^2)} \tag{4}$$

而满足(4) 的实对称阵 $R(\boldsymbol{A})$ 必正定[7].

下列两个命题是明显的.

命题 1 亚正定(亚半正定) 阵的转置阵是亚正定(亚半正定) 阵. 两个亚正定(亚半正定) 阵之和是亚正定(亚半正定) 阵.

命题 2 $\boldsymbol{A}$ 是亚正定(亚半正定) 阵，$\boldsymbol{P}$ 是非异阵，则 $\boldsymbol{P}^{\mathrm{T}}\boldsymbol{AP}$ 与 $k\boldsymbol{A}$ 都是亚正定(亚半正定) 阵，其中 k 是正实数.

对 n 阶阵 $\boldsymbol{A}=(a_{ij})_{n\times n}$，记 $\boldsymbol{A}$ 的任一 k 阶主子阵为

$$\begin{pmatrix} a_{i_1i_1} & a_{i_1i_2} & \cdots & a_{i_1i_k} \\ a_{i_2i_1} & a_{i_2i_2} & \cdots & a_{i_2i_k} \\ \vdots & \vdots & & \vdots \\ a_{i_ki_1} & a_{i_ki_2} & \cdots & a_{i_ki_k} \end{pmatrix} = \boldsymbol{A}\begin{pmatrix} i_1 & i_2 & \cdots & i_k \\ i_1 & i_2 & \cdots & i_k \end{pmatrix}$$

其中 $1 \leqslant i_1 < i_2 < \cdots < i_k \leqslant n$.

命题 3 $\boldsymbol{A}$ 是亚正定阵等价于

$$\left| R\left(\boldsymbol{A}\begin{pmatrix} i_1 & i_2 & \cdots & i_k \\ i_1 & i_2 & \cdots & i_k \end{pmatrix}\right) \right| > 0, k=1,2,\cdots,n$$

证 若 $\boldsymbol{A}$ 亚正定，则 $R(\boldsymbol{A})$ 正定，故

$$(R(\boldsymbol{A}))\begin{pmatrix} i_1 & i_2 & \cdots & i_k \\ i_1 & i_2 & \cdots & i_k \end{pmatrix}$$

正定，且反之显然. 但

$$(R(\boldsymbol{A}))\begin{pmatrix} i_1 & i_2 & \cdots & i_k \\ i_1 & i_2 & \cdots & i_k \end{pmatrix} = R\left(\boldsymbol{A}\begin{pmatrix} i_1 & i_2 & \cdots & i_k \\ i_1 & i_2 & \cdots & i_k \end{pmatrix}\right)$$

而

$$R\left(\boldsymbol{A}\begin{pmatrix} i_1 & i_2 & \cdots & i_k \\ i_1 & i_2 & \cdots & i_k \end{pmatrix}\right)$$

正定等价于

$$\left|R\left(\boldsymbol{A}\begin{pmatrix} i_1 & i_2 & \cdots & i_k \\ i_1 & i_2 & \cdots & i_k \end{pmatrix}\right)\right| > 0, k=1,2,\cdots,n$$

证毕.

由命题 3 显然可得:

命题 4 亚正定阵的任何主子阵均亚正定.

命题 4 对亚半正定阵亦成立,即亚半正定阵的任何主子阵必亦半正定,这是十分明显的.

由于对任何 n 维实列向量 $\boldsymbol{x}$,恒有

$$\boldsymbol{x}^{\mathrm{T}}\boldsymbol{A}\boldsymbol{x} = \boldsymbol{x}^{\mathrm{T}}R(\boldsymbol{A})\boldsymbol{x}$$

故显然可得下面的:

定理 1 n 阶实阵 $\boldsymbol{A}$ 是亚正定(亚半正定)$\Leftrightarrow \boldsymbol{x}^{\mathrm{T}}\boldsymbol{A}\boldsymbol{x} > 0, \forall \boldsymbol{x} \neq \boldsymbol{0}(\boldsymbol{x}^{\mathrm{T}}\boldsymbol{A}\boldsymbol{x} \geqslant 0, \forall \boldsymbol{x})$.

定理 2 亚正定(亚半正定)阵的任一特征值的实部大于零(非负).

证 由于 n 阶实阵 $\boldsymbol{A}$ 的任一特征值 $\lambda = a + \sqrt{-1}b$ 的实部 a 恒满足不等式

$$\min_{1\leqslant i\leqslant n} \mu_i \leqslant a \leqslant \max_{1\leqslant i\leqslant n} \mu_i \text{[6]}$$

其中 μ_i 是 $R(\boldsymbol{A})$ 的特征值. $\boldsymbol{A}$ 亚正定,即 $R(\boldsymbol{A})$ 正定,故 $\mu_i > 0, i=1,2,\cdots,n$. 于是 $a > 0$,证毕.

在文献[8]中,我们称主子式全大于零的实阵为完全主正阵. 由定理 2 易得:

系 1 亚正定阵必是完全主正阵.

证 设$\lambda_1,\lambda_2,\cdots,\lambda_s$是亚正定阵$\boldsymbol{A}$的全部实特征值,$a_i \pm \sqrt{-1}b_i$,$b_i \neq 0$是$\boldsymbol{A}$的全部复特征值,$i=1,2,\cdots,t$,$s+2t=n$,则

$$|\boldsymbol{A}|=\prod_{i=1}^{s}\lambda_i\prod_{i=1}^{t}(a_i^2+b_i^2)$$

由定理2,$\lambda_i>0$,$a_j>0$,$\forall i,j$,故$|\boldsymbol{A}|>0$.再由命题4可知,任一$\left|\boldsymbol{A}\begin{pmatrix} i_1 & i_2 & \cdots & i_k \\ i_1 & i_2 & \cdots & i_k \end{pmatrix}\right|>0$,证毕.

系1的逆不真.例如$\boldsymbol{A}=\begin{pmatrix}1 & 4\\ 1 & 5\end{pmatrix}$是完全主正阵,但$\boldsymbol{A}$不是亚正定阵,因为

$$R(\boldsymbol{A})=\begin{pmatrix}1 & \frac{5}{2}\\ \frac{5}{2} & 5\end{pmatrix}$$

不是正定阵.

系 2 亚正定阵的逆阵仍是亚正定阵.

证 设$\boldsymbol{A}$是n阶亚正定阵,由系1知,$\boldsymbol{A}^{-1}$存在.应用“送(入)取(出)法”可得

$$R(\boldsymbol{A}^{-1})=(\boldsymbol{A}^{-1})^{\mathrm{T}}\cdot R(\boldsymbol{A})\cdot \boldsymbol{A}^{-1}$$

由于对任何n维非零实列向量$\boldsymbol{x}$,$\boldsymbol{A}^{-1}\boldsymbol{x}\neq \boldsymbol{0}$,又由于$R(\boldsymbol{A})$正定,故得

$$\boldsymbol{x}^{\mathrm{T}}R(\boldsymbol{A}^{-1})\boldsymbol{x}=(\boldsymbol{A}^{-1}\boldsymbol{x})^{\mathrm{T}}\cdot R(\boldsymbol{A})\cdot(\boldsymbol{A}^{-1}\boldsymbol{x})>0$$

再由定理1知,$\boldsymbol{A}^{-1}$亚正定.证毕.

设n阶阵$\boldsymbol{A}$如下分块

$$\boldsymbol{A}=\begin{pmatrix}\boldsymbol{A}\begin{pmatrix}1 & \cdots & k\\1 & \cdots & k\end{pmatrix} & \boldsymbol{B}\\ \boldsymbol{C} & \boldsymbol{A}\begin{pmatrix}k+1 & \cdots & n\\k+1 & \cdots & n\end{pmatrix}\end{pmatrix},1\leqslant k\leqslant n-1$$

对某一 k,若 $\boldsymbol{A}\begin{pmatrix}1 & \cdots & k\\1 & \cdots & k\end{pmatrix}$ 非异,则记 $\boldsymbol{A}$ 关于它的顺序主子阵 $\boldsymbol{A}\begin{pmatrix}1 & \cdots & k\\1 & \cdots & k\end{pmatrix}$ 的 Schur 补为

$$\boldsymbol{A}/\boldsymbol{A}\begin{pmatrix}1 & \cdots & k\\1 & \cdots & k\end{pmatrix}=\boldsymbol{A}\begin{pmatrix}k+1 & \cdots & n\\k+1 & \cdots & n\end{pmatrix}-\boldsymbol{C}\left(\boldsymbol{A}\begin{pmatrix}1 & \cdots & k\\1 & \cdots & k\end{pmatrix}\right)^{-1}\boldsymbol{B}$$

若 $\boldsymbol{A}\begin{pmatrix}k+1 & \cdots & n\\k+1 & \cdots & n\end{pmatrix}$ 非异,则记 $\boldsymbol{A}$ 关于 $\boldsymbol{A}\begin{pmatrix}k+1 & \cdots & n\\k+1 & \cdots & n\end{pmatrix}$ 的 Schur 补为

$$\boldsymbol{A}/\boldsymbol{A}\begin{pmatrix}k+1 & \cdots & n\\k+1 & \cdots & n\end{pmatrix}=\boldsymbol{A}\begin{pmatrix}1 & \cdots & k\\1 & \cdots & k\end{pmatrix}-\boldsymbol{B}\left(\boldsymbol{A}\begin{pmatrix}k+1 & \cdots & n\\k+1 & \cdots & n\end{pmatrix}\right)^{-1}\boldsymbol{C}$$

定理 3　设 $\boldsymbol{A}$ 是 n 阶亚正定阵,则对任何 $k,1\leqslant k\leqslant n-1$,$\boldsymbol{A}/\boldsymbol{A}\begin{pmatrix}1 & \cdots & k\\1 & \cdots & k\end{pmatrix}$ 与 $\boldsymbol{A}/\boldsymbol{A}\begin{pmatrix}k+1 & \cdots & n\\k+1 & \cdots & n\end{pmatrix}$ 都是亚正定阵.

证　因为 $\boldsymbol{A}$ 亚正定,所以对任何 $k,1\leqslant k\leqslant n-1$,$\boldsymbol{A}\begin{pmatrix}1 & \cdots & k\\1 & \cdots & k\end{pmatrix}$ 与 $\boldsymbol{A}\begin{pmatrix}k+1 & \cdots & n\\k+1 & \cdots & n\end{pmatrix}$ 全非异. 又因

$$A^{-1}=\begin{pmatrix} \left(A/A\begin{pmatrix}k+1 & \cdots & n\\ k+1 & \cdots & n\end{pmatrix}\right)^{-1} & -A\begin{pmatrix}1 & \cdots & k\\ 1 & \cdots & k\end{pmatrix}B\left(A/A\begin{pmatrix}k+1 & \cdots & n\\ k+1 & \cdots & n\end{pmatrix}\right)^{-1} \\ -\left(A/A\begin{pmatrix}k+1 & \cdots & n\\ k+1 & \cdots & n\end{pmatrix}\right)^{-1}C\left(A\begin{pmatrix}1 & \cdots & k\\ 1 & \cdots & k\end{pmatrix}\right)^{-1} & \left(A/A\begin{pmatrix}1 & \cdots & k\\ 1 & \cdots & k\end{pmatrix}\right)^{-1}\end{pmatrix}$$

故由系 2 及命题 4 知，$\left(\mathbf{A}/\mathbf{A}\begin{pmatrix}1 & \cdots & k\\ 1 & \cdots & k\end{pmatrix}\right)^{-1}$ 与 $\left(\mathbf{A}/\mathbf{A}\begin{pmatrix}k+1 & \cdots & n\\ k+1 & \cdots & n\end{pmatrix}\right)^{-1}$ 均亚正定，由系 2 知，$\mathbf{A}/\mathbf{A}\begin{pmatrix}1 & \cdots & k\\ 1 & \cdots & k\end{pmatrix}$ 与 $\mathbf{A}/\mathbf{A}\begin{pmatrix}k+1 & \cdots & n\\ k+1 & \cdots & n\end{pmatrix}$ 均亚正定.

证毕.

设$\mathbf{A}\begin{pmatrix}1 & \cdots & k\\ 1 & \cdots & k\end{pmatrix}$是$n$阶阵$\mathbf{A}$的非异顺序主子阵，$\mathbf{A}$关于$\mathbf{A}\begin{pmatrix}1 & \cdots & k\\ 1 & \cdots & k\end{pmatrix}$的 Sylvester 阵 $\mathbf{S}(k)$ 如下定义

$$\mathbf{S}(k)=\begin{pmatrix} s_{k+1,k+1} & \cdots & s_{k+1,n}\\ \vdots & & \vdots\\ s_{n,k+1} & \cdots & s_{nn}\end{pmatrix},1\leqslant k\leqslant n-1$$

其中

$$s_{ij}=\begin{vmatrix} \mathbf{A}\begin{pmatrix}1 & \cdots & k\\ 1 & \cdots & k\end{pmatrix} & \begin{matrix}a_{1j}\\ \vdots\\ a_{kj}\end{matrix}\\ \begin{matrix}a_{i1} & \cdots & a_{ik}\end{matrix} & a_{ij}\end{vmatrix},i,j=k+1,\cdots,n$$

由于

$$\mathbf{S}(k)=\left|\mathbf{A}\begin{pmatrix}1 & \cdots & k\\ 1 & \cdots & k\end{pmatrix}\right|\cdot\mathbf{A}/\mathbf{A}\begin{pmatrix}1 & \cdots & k\\ 1 & \cdots & k\end{pmatrix}^{[6]}$$

$$1\leqslant k\leqslant n-1 \tag{5}$$

故当 $\mathbf{A}$ 是亚正定阵时，由定理 3 知，$\mathbf{A}/\mathbf{A}\begin{pmatrix}1 & \cdots & k\\1 & \cdots & k\end{pmatrix}$ 是亚正定阵，且由系 1 及命题 2 知

$$\left|\mathbf{A}\begin{pmatrix}1 & \cdots & k\\1 & \cdots & k\end{pmatrix}\right|\cdot\mathbf{A}/\mathbf{A}\begin{pmatrix}1 & \cdots & k\\1 & \cdots & k\end{pmatrix}$$

亦是亚正定阵. 这就证明了：

定理 4　亚正定阵 $\mathbf{A}$ 关于它的任一顺序主子阵的 Sylvester 矩阵都是亚正定阵.

在式(5)中取 $k=1$，则 $s_{ij}=\begin{vmatrix}a_{11} & a_{1j}\\a_{i1} & a_{ij}\end{vmatrix}$，$i,j=2,3,\cdots,n$，故由定理 4 即得：

系 3　设 $\mathbf{A}=(a_{ij})_{n\times n}$ 是亚正定阵，则

$$\begin{pmatrix}\begin{vmatrix}a_{11} & a_{12}\\a_{21} & a_{22}\end{vmatrix} & \begin{vmatrix}a_{11} & a_{13}\\a_{21} & a_{23}\end{vmatrix} & \cdots & \begin{vmatrix}a_{11} & a_{1n}\\a_{21} & a_{2n}\end{vmatrix}\\ \begin{vmatrix}a_{11} & a_{12}\\a_{31} & a_{32}\end{vmatrix} & \begin{vmatrix}a_{11} & a_{13}\\a_{31} & a_{33}\end{vmatrix} & \cdots & \begin{vmatrix}a_{11} & a_{1n}\\a_{31} & a_{3n}\end{vmatrix}\\ \vdots & \vdots & & \vdots\\ \begin{vmatrix}a_{11} & a_{12}\\a_{n1} & a_{n2}\end{vmatrix} & \begin{vmatrix}a_{11} & a_{13}\\a_{n1} & a_{n3}\end{vmatrix} & \cdots & \begin{vmatrix}a_{11} & a_{1n}\\a_{n1} & a_{nn}\end{vmatrix}\end{pmatrix}$$

是亚正定阵.

下面应用“子(矩阵)结构”讨论亚正定阵.

定理 5　对 n 阶实阵 $\mathbf{A}$，若存在某一正整数 k，$1\leqslant k\leqslant n-1$，使

$$\mathbf{A}\begin{pmatrix}1 & \cdots & k\\1 & \cdots & k\end{pmatrix} \text{ 与 } R(\mathbf{A})/R\left(\mathbf{A}\begin{pmatrix}1 & \cdots & k\\1 & \cdots & k\end{pmatrix}\right)$$

都是亚正定阵，则 $\mathbf{A}$ 必是亚正定阵.

证　由假设可知

$$R\left(A\begin{pmatrix}1 & \cdots & k\\ 1 & \cdots & k\end{pmatrix}\right)$$

与

$$R\left(R(\boldsymbol{A})/R\left(\boldsymbol{A}\begin{pmatrix}1 & \cdots & k\\ 1 & \cdots & k\end{pmatrix}\right)\right)$$

$$=R(\boldsymbol{A})/R\left(\boldsymbol{A}\begin{pmatrix}1 & \cdots & k\\ 1 & \cdots & k\end{pmatrix}\right)$$

均正定. 若记

$$\boldsymbol{A}=\begin{pmatrix}\boldsymbol{A}\begin{pmatrix}1 & \cdots & k\\ 1 & \cdots & k\end{pmatrix} & \boldsymbol{B}\\ \boldsymbol{C} & \boldsymbol{A}\begin{pmatrix}k+1 & \cdots & n\\ k+1 & \cdots & n\end{pmatrix}\end{pmatrix}$$

则易知

$$R(\boldsymbol{A})=\begin{pmatrix}R\left(\boldsymbol{A}\begin{pmatrix}1 & \cdots & k\\ 1 & \cdots & k\end{pmatrix}\right) & \dfrac{\boldsymbol{B}+\boldsymbol{C}^{\mathrm{T}}}{2}\\ \left(\dfrac{\boldsymbol{B}+\boldsymbol{C}^{\mathrm{T}}}{2}\right)^{\mathrm{T}} & R\left(\boldsymbol{A}\begin{pmatrix}k+1 & \cdots & n\\ k+1 & \cdots & n\end{pmatrix}\right)\end{pmatrix}$$

因 $R\left(\boldsymbol{A}\begin{pmatrix}1 & \cdots & k\\ 1 & \cdots & k\end{pmatrix}\right)$ 显然非异,故

$$R(\boldsymbol{A})=\begin{pmatrix}\boldsymbol{I}_k & \boldsymbol{0}\\ R(\boldsymbol{B}+\boldsymbol{C}^{\mathrm{T}})\left(R\left(\boldsymbol{A}\begin{pmatrix}1 & \cdots & k\\ 1 & \cdots & k\end{pmatrix}\right)\right)^{-1} & \boldsymbol{I}_{n-k}\end{pmatrix}\cdot$$

$$\begin{pmatrix}R\left(\boldsymbol{A}\begin{pmatrix}1 & \cdots & k\\ 1 & \cdots & k\end{pmatrix}\right) & \boldsymbol{0}\\ \boldsymbol{0} & R(\boldsymbol{A})/R\left(\boldsymbol{A}\begin{pmatrix}1 & \cdots & k\\ 1 & \cdots & k\end{pmatrix}\right)\end{pmatrix}\cdot$$

$$\begin{pmatrix} \boldsymbol{I}_k & \boldsymbol{0} \\ R(\boldsymbol{B}+\boldsymbol{C}^{\mathrm{T}})\left(R\left(\boldsymbol{A}\begin{pmatrix}1 & \cdots & k\\ 1 & \cdots & k\end{pmatrix}\right)\right)^{-1} & \boldsymbol{I}_{n-k} \end{pmatrix}^{\mathrm{T}}$$

故由上式知 $R(\boldsymbol{A})$ 正定，所以 $\boldsymbol{A}$ 亚正定. 证毕.

由定理 5、定理 4 以及命题 4 显然可得下列的有趣结论.

系 4　对 n 阶实阵 $\boldsymbol{A}$，如果存在某一正整数 k，$1\leqslant k\leqslant n-1$，使

$$\boldsymbol{A}\begin{pmatrix}1 & \cdots & k\\ 1 & \cdots & k\end{pmatrix} \text{ 与 } R(\boldsymbol{A})/R\left(\boldsymbol{A}\begin{pmatrix}1 & \cdots & k\\ 1 & \cdots & k\end{pmatrix}\right)$$

均亚正定，则对所有 $k=1,2,\cdots,n-1$，$\boldsymbol{A}\begin{pmatrix}1 & \cdots & k\\ 1 & \cdots & k\end{pmatrix}$ 与 $\boldsymbol{A}/\boldsymbol{A}\begin{pmatrix}1 & \cdots & k\\ 1 & \cdots & k\end{pmatrix}$ 均是亚正定阵.

§3　Schur 定理与华罗庚定理的推广

设 $\boldsymbol{A}=(a_{ij})_{n\times n}$ 与 $\boldsymbol{B}=(b_{ij})_{n\times n}$ 是 n 阶阵，它们的 Hadamard 乘积 $\boldsymbol{A}\circ\boldsymbol{B}=(a_{ij}b_{ij})_{n\times n}$ 在理论上与应用上虽有很多应用，但由于以往的讨论主要对 $\boldsymbol{A}$ 与 $\boldsymbol{B}$ 是正定（或半正定）阵进行的[9]，不能适合应用上，特别是现代经济数学的需要（因为在诸如计划可行性研究的数学问题、价格方程等出现的方阵未必是正定阵）. 本节将就 $\boldsymbol{A}$ 与 $\boldsymbol{B}$ 是亚正定（亚半正定）阵的情形加以讨论.

定理 6　设 $\boldsymbol{A}$ 与 $\boldsymbol{B}$ 分别是 m 阶亚正定阵与 n 阶亚

正定阵，则 $\boldsymbol{A}$ 与 $R(\boldsymbol{B})$ 的 Kronecker 乘积 $\boldsymbol{A}\times R(\boldsymbol{B})$ 必亚正定.

证 由假设知 $R(\boldsymbol{A})$ 正定，故存在 m 阶非异阵 $\boldsymbol{P}$，使得 $\boldsymbol{P}^{\mathrm{T}}R(\boldsymbol{A})\boldsymbol{P}=\boldsymbol{I}_m$. 同理，存在 n 阶非异阵 $\boldsymbol{Q}$，使 $\boldsymbol{Q}^{\mathrm{T}}R(\boldsymbol{B})\boldsymbol{Q}=\boldsymbol{I}_n$，于是由式(1) 及 Kronecker 乘积的基本性质知

$$\begin{aligned}&(\boldsymbol{P}\times\boldsymbol{Q})^{\mathrm{T}}(\boldsymbol{A}\times R(\boldsymbol{B}))(\boldsymbol{P}\times\boldsymbol{Q})\\=&(\boldsymbol{P}\times\boldsymbol{Q})^{\mathrm{T}}[R(\boldsymbol{A})\times R(\boldsymbol{B})+S(\boldsymbol{A})\times R(\boldsymbol{B})](\boldsymbol{P}\times\boldsymbol{Q})\\=&\boldsymbol{P}^{\mathrm{T}}R(\boldsymbol{A})\boldsymbol{P}\times\boldsymbol{Q}^{\mathrm{T}}R(\boldsymbol{B})\boldsymbol{Q}+\\&(\boldsymbol{P}\times\boldsymbol{Q})^{\mathrm{T}}[S(\boldsymbol{A})\times R(\boldsymbol{B})](\boldsymbol{P}\times\boldsymbol{Q})\\=&\boldsymbol{I}_m\times\boldsymbol{I}_n+(\boldsymbol{P}\times\boldsymbol{Q})^{\mathrm{T}}[S(\boldsymbol{A})\times R(\boldsymbol{B})](\boldsymbol{P}\times\boldsymbol{Q})\\=&\boldsymbol{I}_{mn}+(\boldsymbol{P}\times\boldsymbol{Q})^{\mathrm{T}}[S(\boldsymbol{A})\times R(\boldsymbol{B})](\boldsymbol{P}\times\boldsymbol{Q})\end{aligned}\tag{6}$$

由于 $S(\boldsymbol{A})$ 是反对称实阵，$R(\boldsymbol{B})$ 是实对称阵，故易知 $S(\boldsymbol{A})\times R(\boldsymbol{B})$ 是反对称实阵. 于是对任何 mn 维非零实列向量 $\boldsymbol{w}$，恒有 $\boldsymbol{w}^{\mathrm{T}}[S(\boldsymbol{A})\times R(\boldsymbol{B})]\boldsymbol{w}=0$，现对任何 mn 维非零实列向量 $\boldsymbol{x}$，$\boldsymbol{y}=(\boldsymbol{P}\times\boldsymbol{Q})^{-1}\boldsymbol{x}\neq\boldsymbol{0}$，故由式(6) 即得

$$\begin{aligned}&\boldsymbol{x}^{\mathrm{T}}[\boldsymbol{A}\times R(\boldsymbol{B})]\boldsymbol{x}\\=&\boldsymbol{y}^{\mathrm{T}}(\boldsymbol{I}_{mn})\boldsymbol{y}+\boldsymbol{y}^{\mathrm{T}}[S(\boldsymbol{A})\times R(\boldsymbol{B})]\boldsymbol{y}\\=&\boldsymbol{y}^{\mathrm{T}}\boldsymbol{y}>0\end{aligned}$$

于是由定理 1 知，$\boldsymbol{A}\times R(\boldsymbol{B})$ 亚正定. 证毕.

如果将定理 6 中的 $\boldsymbol{A}$ 与 $\boldsymbol{B}$ 均改成亚半正定，设 $\boldsymbol{A}$ 与 $\boldsymbol{B}$ 的秩分别为 r 与 s，则只要将(6) 的最后第二式改为 $\begin{pmatrix}\boldsymbol{I}_r&\boldsymbol{0}\\\boldsymbol{0}&\boldsymbol{0}\end{pmatrix}\times\begin{pmatrix}\boldsymbol{I}_s&\boldsymbol{0}\\\boldsymbol{0}&\boldsymbol{0}\end{pmatrix}=\begin{pmatrix}\boldsymbol{I}_{rs}&\boldsymbol{0}\\\boldsymbol{0}&\boldsymbol{0}\end{pmatrix}$，其他完全同上面的证法，便可得

$$x^{T}[A\times R(B)]x=y^{T}\begin{pmatrix}I_{rs} & 0\\ 0 & 0\end{pmatrix}y\geqslant 0$$

再由定理 1 知，$A\times R(B)$ 亚半正定. 这就证明：

定理 6′　设 A 与 B 都是亚半正定阵，则 $A\times R(B)$ 亦是亚半正定阵.

定理 7　设 A 与 B 都是 n 阶亚半正定阵，则 $A\circ R(B)$ 是亚半正定阵. 当 A 与 B 都是亚正定阵时，则 $A\circ R(B)$ 亦是亚正定阵.

证　当 A 与 B 都是 n 阶阵时，由 A 与 B 的 Kronecker 乘积容易看出：$A\circ B$ 的 n 个行恰好是 $A\times B$ 的第 $1,n+2,(n+1)+n+2=2n+3,\cdots,(n-1)(n-1)+1=n^2$ 这 n 个行；$A\circ B$ 的 n 个列恰好是 $A\times B$ 的第 $1,n+2,2n+3,\cdots,n^2$ 这 n 个列，亦即

$$A\circ B=(A\times B)\begin{pmatrix}1 & n+2 & 2n+3 & \cdots & n^2\\ 1 & n+2 & 2n+3 & \cdots & n^2\end{pmatrix}\tag{7}$$

故 $A\circ B$ 是 $A\times B$ 的一个主子阵，于是由命题 4 及定理 6′ 知，当 A 与 B 均亚半正定时，$A\circ B$ 亚半正定，当 A 与 B 均是亚正定阵时，由定理 6 及命题 4 知，$A\circ B$ 是亚正定阵. 证毕.

若 A 与 B 都是 n 阶正定阵（半正定阵），则 $A\circ B$ 显然是实对称阵，且由 $R(B)=B$ 可知 $A\circ B=A\circ R(B)$，故由定理 7 显然可得下述著名的 Schur 定理：

系 5　两个半正定阵的 Hadamard 乘积是半正定阵，两个正定阵的 Hadamard 乘积仍正定.

系 6　设 $A=(a_{ij})_{n\times n}$ 是亚正定阵，则对任何正整数 k，方阵

$$\boldsymbol{M}=\begin{pmatrix} a_{11}^k & a_{12}\left(\frac{a_{12}+a_{21}}{2}\right)^{k-1} & \cdots & a_{1n}\left(\frac{a_{1n}+a_{n1}}{2}\right)^{k-1} \\ a_{21}\left(\frac{a_{21}+a_{12}}{2}\right)^{k-1} & a_{22}^k & \cdots & a_{2n}\left(\frac{a_{2n}+a_{n2}}{2}\right)^{k-1} \\ a_{n1}\left(\frac{a_{n1}+a_{1n}}{2}\right)^{k-1} & a_{n2}\left(\frac{a_{n2}+a_{2n}}{2}\right)^{k-1} & \cdots & a_{nn}^k \end{pmatrix} \tag{8}$$

是亚正定阵.

证　这是因为

$$\boldsymbol{M}=\boldsymbol{A}\circ\overbrace{R(\boldsymbol{A})\circ R(\boldsymbol{A})\circ\cdots\circ R(\boldsymbol{A})}^{(k-1)\text{个}}$$

故由定理 7 及归纳法即得证.

当 $\boldsymbol{A}$ 是正定阵时,$\boldsymbol{A}$ 首先实对称,故 $\boldsymbol{A}=R(\boldsymbol{A})$,故由系 6 即得下面的关于正定(实对称)阵的华罗庚定理:

系 7[10]　设 $\boldsymbol{A}=(a_{ij})_{n\times n}$ 是正定(实对称)阵,则对任何正整数 k,方阵

$$\begin{pmatrix} a_{11}^k & a_{12}^k & \cdots & a_{1n}^k \\ a_{21}^k & a_{22}^k & \cdots & a_{2n}^k \\ \vdots & \vdots & & \vdots \\ a_{n1}^k & a_{n2}^k & \cdots & a_{nn}^k \end{pmatrix}$$

是正定阵.

定理 8　设 $\boldsymbol{A}$ 与 $\boldsymbol{B}$ 分别是 m 阶亚正定阵与 n 阶亚正定阵,且 $S(\boldsymbol{A})\times S(\boldsymbol{B})$ 对 $R(\boldsymbol{A})\times R(\boldsymbol{B})$ 的 mn 个广义特征值为 $\mu_1,\mu_2,\cdots,\mu_{mn}$,则 $\boldsymbol{A}\times\boldsymbol{B}$ 是亚正定阵的充要条件是 $\mu_i>-1,i=1,2,\cdots,mn$.

证　因为

$$\boldsymbol{A}\times\boldsymbol{B}=[R(\boldsymbol{A})+S(\boldsymbol{A})]\times[R(\boldsymbol{B})+S(\boldsymbol{B})]$$

$$=R(\boldsymbol{A})\times R(\boldsymbol{B})+S(\boldsymbol{A})\times S(\boldsymbol{B})+ \\ S(\boldsymbol{A})\times R(\boldsymbol{B})+R(\boldsymbol{A})\times S(\boldsymbol{B})$$

由于上式右边最后两个方阵都是反对称实阵，故对任何 mn 维非零列向量 $\boldsymbol{x}$，有

$$\boldsymbol{x}^{\mathrm{T}}(\boldsymbol{A}\times\boldsymbol{B})\boldsymbol{x}=\boldsymbol{x}^{\mathrm{T}}[R(\boldsymbol{A})\times R(\boldsymbol{B})]\boldsymbol{x}+\boldsymbol{x}^{\mathrm{T}}[S(\boldsymbol{A})\times S(\boldsymbol{B})]\boldsymbol{x} \tag{9}$$

因 $R(\boldsymbol{A})$ 与 $R(\boldsymbol{B})$ 均正定，故它们均亚正定，且 $R(\boldsymbol{A})\times R(\boldsymbol{B})=R(\boldsymbol{A})\times R(R(\boldsymbol{B}))$ 是实对称阵，故由定理 6 知，$R(\boldsymbol{A})\times R(\boldsymbol{B})$ 是正定阵. 今因 $\mu_1,\mu_2,\cdots,\mu_{mn}$ 是实对称阵 $S(\boldsymbol{A})\times S(\boldsymbol{B})$ 对正定阵 $R(\boldsymbol{A})\times R(\boldsymbol{B})$ 的广义特征值，故存在 mn 阶非异实阵 $\boldsymbol{P}$，使

$$\boldsymbol{P}^{\mathrm{T}}[R(\boldsymbol{A})\times R(\boldsymbol{B})]\boldsymbol{P}=\boldsymbol{I}_{mn}$$

$$\boldsymbol{P}^{\mathrm{T}}[S(\boldsymbol{A})\times S(\boldsymbol{B})]\boldsymbol{P}=\begin{pmatrix}\mu_1 & & & \\ & \mu_2 & & \\ & & \ddots & \\ & & & \mu_{mn}\end{pmatrix} \tag{10}$$

(见[6]). 记 $\boldsymbol{y}=\boldsymbol{P}^{-1}\boldsymbol{x}$，因 $\boldsymbol{x}\neq\boldsymbol{0}$，故 $\boldsymbol{y}\neq\boldsymbol{0}$，于是由式(10) 知，式(9) 可化为

$$\boldsymbol{x}^{\mathrm{T}}(\boldsymbol{A}\times\boldsymbol{B})\boldsymbol{x}=\boldsymbol{y}^{\mathrm{T}}\boldsymbol{y}+\boldsymbol{y}^{\mathrm{T}}\begin{pmatrix}\mu_1 & & & \\ & \mu_2 & & \\ & & \ddots & \\ & & & \mu_{mn}\end{pmatrix}\boldsymbol{y}$$

$$=\boldsymbol{y}^{\mathrm{T}}\begin{pmatrix}1+\mu_1 & & & \\ & 1+\mu_2 & & \\ & & \ddots & \\ & & & 1+\mu_{mn}\end{pmatrix}\boldsymbol{y}$$

故由上式显然可知

$$\boldsymbol{x}^{\mathrm{T}}\boldsymbol{A}\boldsymbol{x} > 0$$

$$\forall \boldsymbol{x} \neq \boldsymbol{0} \Leftrightarrow \boldsymbol{y}^{\mathrm{T}} \begin{pmatrix} 1+\mu_1 & & & \\ & 1+\mu_2 & & \\ & & \ddots & \\ & & & 1+\mu_{mn} \end{pmatrix} \boldsymbol{y}$$

$$\forall \boldsymbol{y} \neq \boldsymbol{0} \Leftrightarrow 1+\mu_i > 0 \Leftrightarrow \mu_i > -1, i=1,2,\cdots,mn$$

证毕.

易知定理 8 是定理 6 的推广. 因为在定理 8 中以 $R(\boldsymbol{B})$ 代替 $\boldsymbol{B}$,则 $R(R(\boldsymbol{B}))=R(\boldsymbol{B}), S(R(\boldsymbol{B}))=\boldsymbol{0}$,故 $\mu_i=0, i=1,2,\cdots,mn$,因而由定理 8 的充分性知,$\boldsymbol{A}\times R(\boldsymbol{B})$ 亚正定.

对亚正定阵 $\boldsymbol{A}$ 与 $\boldsymbol{B}$ 来说,由于

$$\boldsymbol{A}\circ\boldsymbol{B}=[R(\boldsymbol{A})\circ R(\boldsymbol{B})+S(\boldsymbol{A})\circ S(\boldsymbol{B})]+ [R(\boldsymbol{A})\circ S(\boldsymbol{B})+R(\boldsymbol{B})\circ S(\boldsymbol{A})]$$

而上式后面的方括号内矩阵是反对称实阵,故以下完全同定理 8 的证法,可证得:

定理 9 设 $\boldsymbol{A}$ 与 $\boldsymbol{B}$ 都是 n 阶亚正定阵,且实对称阵 $S(\boldsymbol{A})\circ S(\boldsymbol{B})$ 对正定阵 $R(\boldsymbol{A})\circ R(\boldsymbol{B})$ 的广义特征值为 $\tau_1,\tau_2,\cdots,\tau_n$,则 $\boldsymbol{A}\circ\boldsymbol{B}$ 亚正定的充要条件是 $\tau_i>-1$, $i=1,2,\cdots,n$.

十分明显,定理 9 亦是定理 7 的一般化. 另外,关于亚正定阵 $\boldsymbol{A}$ 自身的 Kronecker 乘积 $\boldsymbol{A}\times\boldsymbol{A}=\boldsymbol{A}^{[2]}$ 及 Hadamard 乘积 $\boldsymbol{A}\circ\boldsymbol{A}=\boldsymbol{A}^{(2)}$ 何时亚正定,以及一般的

$$\boldsymbol{A}^{[k]}=\overbrace{\boldsymbol{A}\times\boldsymbol{A}\times\cdots\times\boldsymbol{A}}^{k\text{个}} \text{ 与 } \boldsymbol{A}^{(k)}=\overbrace{\boldsymbol{A}\circ\boldsymbol{A}\circ\cdots\circ\boldsymbol{A}}^{k\text{个}}$$

何时亚正定是个有趣的问题,此处不再讨论下去.

参考文献

[1] STENZEL H. Über die darstellbarkeit einer matrix als

product von zwei symmetrischen matrizen, als product von zwei alternierenden matrizen und als product von einer symmetrischen matrix und einer alterniciendeu matrix[J]. Math. Zeit.,1922,19:1-25.
[2] TAUSSKY O. The role of symmetric matrices in the study of general matrices[J]. Lin. Alg. Appl.,1972, 5:147-154.
[3] 屠伯埙.关于矩阵分解为两个 Hermite 阵的乘积[J].复旦学报,1986,25(1):39-44.
[4] 屠伯埙.正性除环上矩阵的正定自共轭分解[J].数学杂志,1989,8(1):121-126.
[5] JOHNSON H R. An inequality for matrices whose symmetric part is positive definite[J]. Lin. Alg. Appl., 1973,6:13-18.
[6] 屠伯埙.线性代数方法导引[M].上海:复旦大学出版社,1986.
[7] 屠伯埙,李君如.方阵特征值之分布及其在稳定性理论中的应用[J].数学年刊,1987,8A(6):659-663.
[8] 屠伯埙.主正阵与完全主正阵(Ⅰ)[J].数学年刊,1989, 10A(6):733-741.
[9] STYAN P H. Hadamard products and multivariate statistical analysis[J]. Lin. Alg. Appl.,1973,6:217-240.
[10] 华罗庚.一个关于行列式的不等式[J].数学学报,1955, 5(4):,463-470.

亚正定阵理论(Ⅱ)[①]

第10章

复旦大学的屠伯埙教授1991年较为详细地研究了亚正定阵的行列式理论，得出的一些新结论包括了在正定阵这一特例下的一系列已知的著名结果. 本章的记号与说明仍然沿用(Ⅰ).

(Ⅰ)中已证，亚正定阵是完全主正阵，故其行列式大于零，进一步，有下面的:

命题1 设$\boldsymbol{A}$是亚正定阵，则

$$|\boldsymbol{A}|\geqslant|R(\boldsymbol{A})|+|S(\boldsymbol{A})| \tag{1}$$

等号成立的充要条件是$S(\boldsymbol{A})=\boldsymbol{0}$，即$\boldsymbol{A}$是正定(实对称)阵.

证 对任何正定阵$\boldsymbol{P}$与反对称实阵$\boldsymbol{S}$，恒有$|\boldsymbol{P}+\boldsymbol{S}|\geqslant|\boldsymbol{P}|+|\boldsymbol{S}|$，等号成立的充要条件是$\boldsymbol{S}=\boldsymbol{0}$[2]. 令$\boldsymbol{A}=R(\boldsymbol{A})+S(\boldsymbol{A})$，而$R(\boldsymbol{A})$是正定阵，$S(\boldsymbol{A})$是反对称阵，故得命题1. 证毕.

---

① 摘自《数学学报》，1991，34(1)：91-102.

关于亚正定阵的行列式上界，若用现有的估计式[3-4]，则其界限过大，现对一类特殊的，但代表仍很广泛的亚正定阵给出下面的：

定理 1 设 $\boldsymbol{A}=(a_{ij})_{n\times n}$ 是亚正定阵，且满足：

$$\text{(i)}\ a_{ik}a_{kj}=a_{jk}a_{ki},i,j\geqslant k,k=1,2,\cdots,n-1 \tag{2}$$

$$\text{(ii)}\ \sum_{i=k+1}^{n}a_{ik}a_{ki}\geqslant 0,k=1,2,\cdots,n-1 \tag{3}$$

则

$$|\boldsymbol{A}|\leqslant a_{11}\cdot a_{22}\cdot\cdots\cdot a_{nn} \tag{4}$$

等号成立的充要条件是

$$\sum_{i=k+1}^{n}a_{ik}a_{ki}=0,k=1,2,\cdots,n-1 \tag{5}$$

证 因 $\boldsymbol{A}$ 亚正定，故 $a_{ii}>0,i=1,2,\cdots,n$[1]，于是由 Schur 定理[2] 知

$$|\boldsymbol{A}|=a_{11}\left|\boldsymbol{A}\begin{pmatrix}2&3&\cdots&n\\2&3&\cdots&n\end{pmatrix}-\begin{pmatrix}a_{21}\\a_{31}\\\vdots\\a_{n1}\end{pmatrix}a_{11}^{-1}(a_{12},a_{13},\cdots,a_{1n})\right|$$

$$=a_{11}\left|\boldsymbol{A}\begin{pmatrix}2&3&\cdots&n\\2&3&\cdots&n\end{pmatrix}-a_{11}^{-1}\begin{pmatrix}a_{21}a_{12}&a_{21}a_{13}&\cdots&a_{21}a_{1n}\\a_{31}a_{12}&a_{31}a_{13}&\cdots&a_{31}a_{1n}\\\vdots&\vdots&&\vdots\\a_{n1}a_{12}&a_{n1}a_{13}&\cdots&a_{n1}a_{1n}\end{pmatrix}\right| \tag{6}$$

由假设条件(i)在 $k=1$ 时的情形知，$\begin{pmatrix} a_{21}a_{12} & \cdots & a_{21}a_{1n} \\ \vdots & & \vdots \\ a_{n1}a_{12} & \cdots & a_{n1}a_{1n} \end{pmatrix}=\widetilde{\boldsymbol{A}}$ 是秩为1的实对称阵，故存在 $n-1$ 阶实正交阵 $\boldsymbol{Q}$，使得

$$\boldsymbol{Q}^{\mathrm{T}}\begin{pmatrix} a_{21}a_{12} & \cdots & a_{21}a_{1n} \\ \vdots & & \vdots \\ a_{n1}a_{12} & \cdots & a_{n1}a_{1n} \end{pmatrix}\boldsymbol{Q}=\begin{pmatrix} \lambda_1 & & & \\ & 0 & & \\ & & \ddots & \\ & & & 0 \end{pmatrix} \tag{7}$$

由式(7)显然可得

$$\lambda_1=\sum_{i=2}^{n}a_{i1}a_{1i}\geqslant 0 \tag{8}$$

(由假设条件(i)在 $k=1$ 时的情形知). 故 $\widetilde{\boldsymbol{A}}$ 是半正定阵. 由式(7),式(6)可化为

$$|\boldsymbol{A}|=a_{11}\cdot\left|\boldsymbol{Q}^{\mathrm{T}}\boldsymbol{A}\begin{pmatrix} 2 & 3 & \cdots & n \\ 2 & 3 & \cdots & n \end{pmatrix}\boldsymbol{Q}-a_{11}^{-1}\begin{pmatrix} \lambda_1 & & & \\ & 0 & & \\ & & \ddots & \\ & & & 0 \end{pmatrix}\right| \tag{9}$$

因 $\boldsymbol{A}$ 亚正定，故 $\boldsymbol{A}$ 的主子阵 $\boldsymbol{A}\begin{pmatrix} 2 & 3 & \cdots & n \\ 2 & 3 & \cdots & n \end{pmatrix}$ 亦亚正定，因而 $\boldsymbol{Q}^{\mathrm{T}}\boldsymbol{A}\begin{pmatrix} 2 & 3 & \cdots & n \\ 2 & 3 & \cdots & n \end{pmatrix}\boldsymbol{Q}$ 仍亚正定[1]，所以其主子式全大于零，故由两个方阵和的行列式展开式[2]，易知

$$\left|\boldsymbol{Q}^{\mathrm{T}}\boldsymbol{A}\begin{pmatrix}2 & 3 & \cdots & n\\ 2 & 3 & \cdots & n\end{pmatrix}\boldsymbol{Q}-a_{11}^{-1}\begin{pmatrix}\lambda_1 & & & \\ & 0 & & \\ & & \ddots & \\ & & & 0\end{pmatrix}\right|$$

$$=\left|\boldsymbol{Q}^{\mathrm{T}}\boldsymbol{A}\begin{pmatrix}2 & 3 & \cdots & n\\ 2 & 3 & \cdots & n\end{pmatrix}\boldsymbol{Q}\right|-$$

$$a_{11}^{-1}\lambda_1\left|\left(\boldsymbol{Q}^{\mathrm{T}}\boldsymbol{A}\begin{pmatrix}2 & 3 & \cdots & n\\ 2 & 3 & \cdots & n\end{pmatrix}\boldsymbol{Q}\right)\begin{pmatrix}2 & 3 & \cdots & n-1\\ 2 & 3 & \cdots & n-1\end{pmatrix}\right|$$

$$\leqslant\left|\boldsymbol{Q}^{\mathrm{T}}\boldsymbol{A}\begin{pmatrix}2 & 3 & \cdots & n\\ 2 & 3 & \cdots & n\end{pmatrix}\boldsymbol{Q}\right|$$

$$=\left|\boldsymbol{A}\begin{pmatrix}2 & 3 & \cdots & n\\ 2 & 3 & \cdots & n\end{pmatrix}\right| \tag{10}$$

式(10)的等号成立的充要条件是 $\lambda_1=0\Leftrightarrow\sum_{i=2}^{n}a_{i1}a_{1i}=0$(由式(8)),故由式(10),式(9)可化为

$$|\boldsymbol{A}|\leqslant a_{11}\cdot\left|\boldsymbol{A}\begin{pmatrix}2 & 3 & \cdots & n\\ 2 & 3 & \cdots & n\end{pmatrix}\right| \tag{11}$$

等号成立的充要条件是 $\sum_{i=2}^{n}a_{i1}a_{1i}=0$.

将上面的证法用于式(11),并依次运用假设条件(i)(ii)($k=2,3,\cdots,n-1$),便得式(4),而式(4)的等号成立的充要条件是式(5)成立. 证毕.

众所周知,找满足具有性质

$$|\boldsymbol{A}|\leqslant\left|\boldsymbol{A}\begin{pmatrix}1 & \cdots & k\\ 1 & \cdots & k\end{pmatrix}\right|\cdot\left|\boldsymbol{A}\begin{pmatrix}k+1 & \cdots & n\\ k+1 & \cdots & n\end{pmatrix}\right|$$

的 $|\boldsymbol{A}|$ 是行列式估计理论中一个重要内容.

例　下列 4 阶阵

$$\boldsymbol{A}=\begin{pmatrix}5 & 2 & 0 & -2\\ 1 & 4 & 1 & 0\\ 0 & 1 & 3 & 0\\ -1 & 0 & 1 & 3\end{pmatrix}=(a_{ij})_{4\times 4}$$

（显然）是双严格对角占优阵，因而是亚正定阵. 又显然可以看出

$$a_{21}a_{13}=a_{31}a_{12},a_{21}a_{14}=a_{41}a_{12},a_{31}a_{14}=a_{41}a_{13}$$

$$\sum_{i=2}^{4}a_{i1}a_{1i}=4>0,\sum_{i=3}^{4}a_{i2}a_{2i}=1>0$$

$a_{43}a_{34}=0$，故 $\boldsymbol{A}$ 满足(2)(3)两式，于是由(4)(5)两式知

$$|\boldsymbol{A}|\leqslant 5\times 4\times 3\times 3=180 \tag{12}$$

若应用著名的 Hadamard 不等式

$$|\boldsymbol{A}|\leqslant\sqrt{\prod_{i=1}^{4}\sum_{j=1}^{4}a_{ij}^{2}}$$

则可得

$$|\boldsymbol{A}|\leqslant\sqrt{33\times 18\times 10\times 11}$$

它不及(12)精确（这是必然的，因为 $\prod_{i=1}^{n}a_{ii}\leqslant\sqrt{\prod_{i=1}^{n}\sum_{j=1}^{n}a_{ij}^{2}}$），即使用改进了的 Hadamard 不等式[3]亦仍不及(12)精确. 而如果用下述 Johnson-Newman 不等式[4]

$$|\boldsymbol{A}|\leqslant\prod_{i=1}^{4}\max\Big(\sum_{\substack{j=1\\a_{ij}>0}}^{4}a_{ij},\sum_{\substack{j=1\\a_{ij}\leqslant 0}}^{4}|a_{ij}|\Big)-\prod_{i=1}^{4}\min\Big(\sum_{\substack{j=1\\a_{ij}>0}}^{4}a_{ij},\sum_{\substack{j=1\\a_{ij}\leqslant 0}}^{4}|a_{ij}|\Big)$$

则得到

$$|\mathbf{A}| \leqslant 7 \times 6 \times 4 \times 2 = 336$$

它比式(12)更粗糙.

对正定(实对称)阵 $\mathbf{A}=(a_{ij})_{n\times n}$ 来说,由于 $a_{ik}=a_{ki}$,故(2)(3)两式成立,且 $\sum_{i=k+1}^{n} a_{ik}a_{ki}=0(k=1,2,\cdots,n-1) \Leftrightarrow a_{ik}=a_{ki}=0(i>k;k=1,2,\cdots,n-1)$,故由(4)(5)两式便得到下述著名结论.

系 1(Hadamard)　设 $\mathbf{A}=(a_{ij})_{n\times n}$ 是正定(实对称)阵,则 $|\mathbf{A}| \leqslant a_{11}\cdot a_{22}\cdot\cdots\cdot a_{nn}$,等号成立的充要条件是 $a_{ik}=0,\forall i,k(i\neq k)$.

对亚正定阵 $\mathbf{A}=(a_{ij})_{n\times n}$ 以及反对称实阵 $\mathbf{S}=(s_{ij})_{n\times n}$ 来说,$\mathbf{A}+\mathbf{S}$ 仍是亚正定阵,而条件(2)(3)对 $\mathbf{A}+\mathbf{S}$ 来说,它的元素即满足下述等式与不等式:

(i) $(a_{ik}+s_{ik})(a_{kj}+s_{kj})=(a_{jk}+s_{jk})(a_{ki}+s_{ki}),i,j>k;k=1,2,\cdots,n-1$.

(ii) $\sum_{i=k+1}^{n}(a_{ik}+s_{ik})(a_{ki}+s_{ki}) \geqslant 0,k=1,2,\cdots,n-1$.

由 $s_{ik}=-s_{ki}$,上述两式可化为

$$a_{ik}a_{kj}-a_{jk}a_{ki}=(a_{jk}+a_{kj})s_{ki}+s_{jk}(a_{ki}+a_{ik}) \quad k=1,2,\cdots,n-1 \tag{13}$$

$$\sum_{i=k+1}^{n}(a_{ik}+s_{ik})(a_{ki}-s_{ik}) \geqslant 0 \quad k=1,2,\cdots,n-1 \tag{14}$$

故由定理 1 便得到下述更一般的结论.

系 2　设 $\mathbf{A}=(a_{ij})_{n\times n}$ 是亚正定阵,$\mathbf{S}=(s_{ij})_{n\times n}$ 是反对称实阵,且满足条件(13)(14),则

$$|\boldsymbol{A}+\boldsymbol{S}| \leqslant a_{11} \cdot a_{22} \cdot \cdots \cdot a_{nn} \tag{15}$$

等号成立的充要条件是

$$\sum_{i=k+1}^{n}(a_{ik}+s_{ik})(a_{ki}-s_{ik})=0 \tag{16}$$

由于正定阵必亚正定，且 $a_{ik}=a_{ki}$，故由系 2 即得：

系 3 设 $\boldsymbol{A}=(a_{ij})_{n\times n}$ 是正定（实对称）阵，$\boldsymbol{S}=(s_{ij})_{n\times n}$ 是反对称实阵，且满足条件

$$a_{jk}s_{ki}-s_{jk}a_{ki}=0, i,j>k; k=1,2,\cdots,n-1 \tag{17}$$

$$\sum_{i=k+1}^{n}a_{ik}^{2} \geqslant \sum_{i=k+1}^{n}s_{ik}^{2}, k=1,2,\cdots,n-1 \tag{18}$$

则

$$|\boldsymbol{A}+\boldsymbol{S}| \leqslant a_{11} \cdot a_{22} \cdot \cdots \cdot a_{nn} \tag{19}$$

等号成立的充要条件是

$$\sum_{i=k+1}^{n}a_{ik}^{2} = \sum_{i=k+1}^{n}s_{ik}^{2} \tag{20}$$

当 $\boldsymbol{S}=\boldsymbol{0}$ 时，系 3 即系 1 的 Hadamard 定理. 当 $\boldsymbol{S}\neq\boldsymbol{0}$ 时，由命题 1 及式(19) 即得下式

$$0<|\boldsymbol{A}|+|\boldsymbol{S}|<|\boldsymbol{A}+\boldsymbol{S}| \leqslant a_{11} \cdot a_{22} \cdot \cdots \cdot a_{nn} \tag{21}$$

由于双严格对角占优阵是亚正定阵，故得：

系 4 设 $\boldsymbol{A}=(a_{ij})_{n\times n}$ 是双严格对角占优（实）阵，且满足式(2) 与式(3)，则 $|\boldsymbol{A}| \leqslant a_{11} \cdot a_{22} \cdot \cdots \cdot a_{nn}$.

由于满足条件：$\operatorname{tr}\boldsymbol{A} > \sqrt{\frac{n-1}{2}\operatorname{tr}(\boldsymbol{A}(\boldsymbol{A}+\boldsymbol{A}^{\mathrm{T}}))}$ 的 n 阶实阵 $\boldsymbol{A}=(a_{ij})_{n\times n}$ 是亚正定阵，而前述条件即

$$\sum_{i=1}^{n}a_{ii} > \sqrt{\frac{n-1}{2}\sum_{i,j=1}^{n}a_{ij}(a_{ij}+a_{ji})} \tag{22}$$

故得：

系 5 设 n 阶实阵 $\mathbf{A}=(a_{ij})_{n\times n}$ 满足条件(2)(3)(22),则

$$|\mathbf{A}|\leqslant a_{11}\cdot a_{22}\cdot\cdots\cdot a_{nn}$$

系 6 设 A_{ij} 是 n 阶亚正定阵 $\mathbf{A}=(a_{ij})_{n\times n}$ 的元素 a_{ij} 的代数余子式,如果 A_{ij} 满足:

$$\text{(i)}\ A_{ik}A_{kj}=A_{jk}A_{ki},i,j>k;k=1,2,\cdots,n-1 \tag{23}$$

$$\text{(ii)}\quad \sum_{i=k+1}^{n}A_{ik}A_{ki}\geqslant 0,k=1,2,\cdots,n-1 \tag{24}$$

那么

$$|\mathbf{A}|\leqslant \sqrt[n-1]{A_{11}\cdot A_{22}\cdot\cdots\cdot A_{nn}} \tag{25}$$

等号成立的充要条件是

$$\sum_{i=k+1}^{n}A_{ik}A_{ki}=0,k=1,2,\cdots,n-1$$

证 因 $\mathbf{A}$ 亚正定,故 $\mathbf{A}^{-1}$ 亦亚正定[1]. 设 $\mathbf{A}^{-1}$ 的 (i,j) 元为 $\mathbf{A}^{-1}\binom{i}{j}$,则 $\mathbf{A}^{-1}\binom{i}{j}=\frac{1}{|\mathbf{A}|}A_{ji}$,于是式(23)(24)即是

$$\mathbf{A}^{-1}\binom{i}{k}\cdot\mathbf{A}^{-1}\binom{k}{j}=\mathbf{A}^{-1}\binom{j}{k}\cdot\mathbf{A}^{-1}\binom{k}{i}$$

$$\sum_{i=k+1}^{n}\mathbf{A}^{-1}\binom{i}{k}\cdot\mathbf{A}^{-1}\binom{k}{i}\geqslant 0$$

故由定理 1 可得

$$|\mathbf{A}^{-1}|\leqslant\mathbf{A}^{-1}\binom{1}{1}\cdot\mathbf{A}^{-1}\binom{2}{2}\cdot\cdots\cdot\mathbf{A}^{-1}\binom{n}{n} \tag{26}$$

等号成立的充要条件是

$$\sum_{i=k+1}^{n}\mathbf{A}^{-1}\binom{i}{k}\cdot\mathbf{A}^{-1}\binom{k}{i}=0$$

即 $\sum_{i=k+1}^{n} A_{ik}A_{ki}=0$,而由式(26) 即可得式(25). 证毕.

定理2(广义 Minkowski 不等式) 设 $\boldsymbol{A}$ 是 n 阶亚正定阵,$\boldsymbol{B}$ 是 n 阶正定(实对称) 阵,则

$$|\boldsymbol{A}+\boldsymbol{B}|^{\frac{1}{n}}>|\boldsymbol{A}|^{\frac{1}{n}}+|\boldsymbol{B}|^{\frac{1}{n}} \tag{27}$$

证 因 $\boldsymbol{B}$ 正定,故存在非异实阵 $\boldsymbol{P}$,使 $\boldsymbol{P}^{\mathrm{T}}\boldsymbol{A}\boldsymbol{P}=\boldsymbol{I}_n$,故

$$|\boldsymbol{P}^{\mathrm{T}}\boldsymbol{P}|^{\frac{1}{n}}\cdot|\boldsymbol{A}+\boldsymbol{B}|^{\frac{1}{n}}=|\boldsymbol{I}_n+\boldsymbol{P}^{\mathrm{T}}\boldsymbol{A}\boldsymbol{P}|^{\frac{1}{n}} \tag{28}$$

因 $\boldsymbol{A}$ 亚正定,故 $\boldsymbol{P}^{\mathrm{T}}\boldsymbol{A}\boldsymbol{P}$ 亦亚正定[1],于是存在 n 阶酉阵 $\boldsymbol{U}$,使得

$$\overline{\boldsymbol{U}}^{\mathrm{T}}(\boldsymbol{P}^{\mathrm{T}}\boldsymbol{A}\boldsymbol{P})\boldsymbol{U}=\begin{pmatrix}\lambda_1 &&&&&&&\\ &\ddots&&&&&&\\ &&\lambda_r&&&&&\\ &&&a_1+\sqrt{-1}b_1&&&*&\\ &&&&a_1-\sqrt{-1}b_1&&&\\ &&\boldsymbol{0}&&&\ddots&&\\ &&&&&&a_s+\sqrt{-1}b_s&\\ &&&&&&&a_s-\sqrt{-1}b_s\end{pmatrix} \tag{29}$$

此处 $\lambda_1,\lambda_2,\cdots,\lambda_r$ 是 $\boldsymbol{P}^{\mathrm{T}}\boldsymbol{A}\boldsymbol{P}$ 的全部实特征值. $a_1\pm\sqrt{-1}b_1,\cdots,a_s\pm\sqrt{-1}b_s$ 是 $\boldsymbol{P}^{\mathrm{T}}\boldsymbol{A}\boldsymbol{P}$ 的全部复特征值,$b_i\neq 0,i=1,2,\cdots,s$,且由 $\boldsymbol{P}^{\mathrm{T}}\boldsymbol{A}\boldsymbol{P}$ 的亚正定性知,$\lambda_i>0,a_j>0,i=1,2,\cdots,r,j=1,2,\cdots,s$[7]. 由式(29) 以及 $|\overline{\boldsymbol{U}}^{\mathrm{T}}\boldsymbol{U}|=1$ 可知,式(28) 可化为

$$|\boldsymbol{P}^{\mathrm{T}}\boldsymbol{P}|^{\frac{1}{n}}\ |\boldsymbol{A}+\boldsymbol{B}|^{\frac{1}{n}}$$

$$=\left\{\prod_{i=1}^{r}(1+\lambda_i)\cdot\prod_{j=1}^{s}[(1+a_j)^2+b_j^2]\right\}^{\frac{1}{n}}$$

$$>\left\{\prod_{i=1}^{r}(1+\lambda_i)\cdot\prod_{j=1}^{s}[1+(a_j^2+b_j^2)]\right\}^{\frac{1}{n}} \quad (30)$$

(因 $2a_j>0$). 应用 Hölder 第二不等式[5] 于上式右边，并由式(29)，式(30) 可化为

$$|\boldsymbol{P}^{\mathrm{T}}\boldsymbol{P}|^{\frac{1}{n}}\cdot|\boldsymbol{A}+\boldsymbol{B}|^{\frac{1}{n}}>1^{\frac{1}{n}}+\left[\prod_{i=1}^{r}\lambda_i\cdot\prod_{j=1}^{s}(a_j^2+b_j^2)\right]^{\frac{1}{n}}$$

$$=|\boldsymbol{P}^{\mathrm{T}}\boldsymbol{A}\boldsymbol{P}|^{\frac{1}{n}}+|\boldsymbol{P}^{\mathrm{T}}\boldsymbol{B}\boldsymbol{P}|^{\frac{1}{n}}$$

$$=|\boldsymbol{P}^{\mathrm{T}}\boldsymbol{P}|^{\frac{1}{n}}(|\boldsymbol{A}|^{\frac{1}{n}}+|\boldsymbol{B}|^{\frac{1}{n}})$$

由于 $|\boldsymbol{P}^{\mathrm{T}}\boldsymbol{P}|>0$，故在上式两边消去 $|\boldsymbol{P}^{\mathrm{T}}\boldsymbol{P}|^{\frac{1}{n}}$，即得式(27)，证毕.

由定理 2 及命题 1 即得：

系 7　设 $\boldsymbol{A}$ 是 n 阶亚正定阵，$\boldsymbol{B}$ 是 n 阶正定(实对称)阵，则

$$|\boldsymbol{A}+\boldsymbol{B}|^{\frac{1}{n}}>[R(\boldsymbol{A})+S(\boldsymbol{A})]^{\frac{1}{n}}+|\boldsymbol{B}|^{\frac{1}{n}} \quad (31)$$

当 $\boldsymbol{A}$ 是正定阵时，$\boldsymbol{A}=R(\boldsymbol{A})$，$S(\boldsymbol{A})=\boldsymbol{0}$，故由式(31) 即得下述著名结果：

系 8(Minkowski)[6]　设 $\boldsymbol{A}$ 与 $\boldsymbol{B}$ 是 n 阶正定(实对称)阵，则

$$|\boldsymbol{A}+\boldsymbol{B}|^{\frac{1}{n}}>|\boldsymbol{A}|^{\frac{1}{n}}+|\boldsymbol{B}|^{\frac{1}{n}}$$

系 9　设 $\boldsymbol{A}$ 是 n 阶亚正定阵，$\boldsymbol{B}$ 是 n 阶正定(实对称)阵，则

$$|\boldsymbol{A}+\boldsymbol{B}|>|\boldsymbol{A}|+|\boldsymbol{B}| \quad (32)$$

这只要在式(27) 两边各自取 n 次方幂，即得 $|\boldsymbol{A}+\boldsymbol{B}|>|\boldsymbol{A}|+|\boldsymbol{B}|+\zeta$，$\zeta>0$，故得式(32)，证毕.

定理 3　设 $\boldsymbol{A}$ 是 n 阶亚正定阵，$\boldsymbol{B}$ 是秩为 $0<r<n$

的半正定(实对称)阵,则

$$|\boldsymbol{A}+\boldsymbol{B}|>|\boldsymbol{A}| \tag{33}$$

证 因 $\boldsymbol{B}$ 是秩为 r 的半正定阵,故存在非异实阵 $\boldsymbol{P}$,使 $\boldsymbol{P}^{\mathrm{T}}\boldsymbol{B}\boldsymbol{P}=\begin{pmatrix}\boldsymbol{I}_r & \boldsymbol{0}\\ \boldsymbol{0} & \boldsymbol{0}\end{pmatrix}$. 记 $\boldsymbol{P}^{\mathrm{T}}\boldsymbol{A}\boldsymbol{P}=\widetilde{\boldsymbol{A}}=\begin{pmatrix}\boldsymbol{C} & \boldsymbol{D}\\ \boldsymbol{F} & \boldsymbol{G}\end{pmatrix}$,$\boldsymbol{C}$ 是 r 阶阵. 因 $\boldsymbol{A}$ 亚正定,故 $\boldsymbol{P}^{\mathrm{T}}\boldsymbol{A}\boldsymbol{P}$ 亦亚正定[1]. 记 $\widetilde{\boldsymbol{A}}$ 关于 $\boldsymbol{G}$ 的 Schur 补为 $\widetilde{\boldsymbol{A}}/\boldsymbol{G}=\boldsymbol{C}-\boldsymbol{D}\boldsymbol{G}^{-1}\boldsymbol{F}$,则可得

$$\begin{aligned}
&|\boldsymbol{P}^{\mathrm{T}}\boldsymbol{P}|\cdot|\boldsymbol{A}+\boldsymbol{B}|\\
&=\left|\begin{pmatrix}\boldsymbol{C} & \boldsymbol{D}\\ \boldsymbol{F} & \boldsymbol{G}\end{pmatrix}+\begin{pmatrix}\boldsymbol{I}_r & \boldsymbol{0}\\ \boldsymbol{0} & \boldsymbol{0}\end{pmatrix}\right|\\
&=\left|\begin{pmatrix}\boldsymbol{A}/\boldsymbol{G} & \boldsymbol{D}\\ \boldsymbol{0} & \boldsymbol{G}\end{pmatrix}\begin{pmatrix}\boldsymbol{I}_r & \boldsymbol{0}\\ \boldsymbol{G}^{-1}\boldsymbol{F} & \boldsymbol{I}_{n-r}\end{pmatrix}+\begin{pmatrix}\boldsymbol{I}_r & \boldsymbol{0}\\ \boldsymbol{0} & \boldsymbol{0}\end{pmatrix}\right|\\
&=\left|\begin{pmatrix}\boldsymbol{A}/\boldsymbol{G} & \boldsymbol{D}\\ \boldsymbol{0} & \boldsymbol{G}\end{pmatrix}+\begin{pmatrix}\boldsymbol{I}_r & \boldsymbol{0}\\ \boldsymbol{0} & \boldsymbol{0}\end{pmatrix}\begin{pmatrix}\boldsymbol{I}_r & \boldsymbol{0}\\ -\boldsymbol{G}^{-1}\boldsymbol{F} & \boldsymbol{I}_{n-r}\end{pmatrix}\right|\\
&=\left|\begin{pmatrix}\boldsymbol{A}/\boldsymbol{G} & \boldsymbol{D}\\ \boldsymbol{0} & \boldsymbol{G}\end{pmatrix}+\begin{pmatrix}\boldsymbol{I}_r & \boldsymbol{0}\\ \boldsymbol{0} & \boldsymbol{0}\end{pmatrix}\right|\\
&=|\boldsymbol{I}_r+\widetilde{\boldsymbol{A}}/\boldsymbol{G}|\cdot|\boldsymbol{G}|
\end{aligned} \tag{34}$$

因 $\boldsymbol{G}$ 是 $\widetilde{\boldsymbol{A}}$ 的主子阵,故 $\widetilde{\boldsymbol{A}}/\boldsymbol{G}$ 是亚正定阵,故由式(32)及 Schur 定理,式(34)可化为

$$\begin{aligned}
|\boldsymbol{P}^{\mathrm{T}}\boldsymbol{P}|\cdot|\boldsymbol{A}+\boldsymbol{B}|&\geqslant[1+|\widetilde{\boldsymbol{A}}/\boldsymbol{G}|]\cdot|\boldsymbol{G}|\\
&=|\widetilde{\boldsymbol{A}}/\boldsymbol{G}|\cdot|\boldsymbol{G}|=|\widetilde{\boldsymbol{A}}|\\
&=|\boldsymbol{P}^{\mathrm{T}}\boldsymbol{P}|\cdot|\boldsymbol{A}|
\end{aligned}$$

由上式即得式(33). 证毕.

系 10 设 $\boldsymbol{B}$ 是 n 阶亚正定阵,如果 n 阶实阵 $\boldsymbol{A}$ 使 $\boldsymbol{A}-\boldsymbol{B}$ 是非零半正定阵,则 $|\boldsymbol{A}|>|\boldsymbol{B}|$.

证 因为 $\boldsymbol{A}=\boldsymbol{B}+(\boldsymbol{A}-\boldsymbol{B})$,所以由式(33)即得

$|A|>|B|$. 证毕.

定义　对某一k,$1\leqslant k\leqslant n-1$,如果$n$阶实阵$A=\begin{pmatrix}A_k & B\\ B^T & D\end{pmatrix}$,那么称$A$是$k-$局部对称阵. 如果$k$阶顺序主子阵$A_k$还是对称阵,那么称$A$为$k-$局部完全对称阵.(如果$D^T=D$,那么称$A$为$(n-k)-$局部完全对称阵.)

例如,3 阶阵

$$\begin{pmatrix}2 & 0 & 1\\ 0 & 3 & -1\\ 1 & 1 & 2\end{pmatrix}$$

是$1-$局部完全对称阵,且(易知)是亚正定阵.

又如,n阶实对称阵(显然)是任意$k-$局部对称阵,$1\leqslant k<n$.

定理 4　设A是n阶亚正定阵,且是$k-$局部完全对称阵,又设B是n阶正定(实对称)阵,则

$$|(A+B)/(A+B)_k|>|A/A_k|+|B/B_k| \tag{35}$$

其中M/M_k是M关于它的k阶非异顺序主子阵的 Schur 补.

证　因为A/A_k是亚正定阵[1],所以$A/A_k+B/B_k$仍是亚正定阵. 若能证

$$(A+B)/(A+B)_k-(A/A_k+B/B_k)$$

是半正定阵,则由系 10 即得

$$|(A+B)/(A+B)_k|>|A/A_k+B/B_k|$$

因B/B_k仍是正定阵,而A/A_k亚正定,故由上式及式(32)即得式(35),故下面证M是半正定阵.

因为A是$k-$局部完全对称阵及B正定,故A与B

可分块如下

$$\boldsymbol{A}=\begin{pmatrix}\boldsymbol{A}_k & \boldsymbol{A}_{12}\\ \boldsymbol{A}_{12}^{\mathrm{T}} & \widetilde{\boldsymbol{A}}\end{pmatrix},\boldsymbol{B}=\begin{pmatrix}\boldsymbol{B}_k & \boldsymbol{B}_{12}\\ \boldsymbol{B}_{12}^{\mathrm{T}} & \widetilde{\boldsymbol{B}}\end{pmatrix},\boldsymbol{A}_k^{\mathrm{T}}=\boldsymbol{A}_k,\boldsymbol{B}_k^{\mathrm{T}}=\boldsymbol{B}_k$$

又显然 $(\boldsymbol{A}+\boldsymbol{B})_k=\boldsymbol{A}_k+\boldsymbol{B}_k$，故

$$\begin{aligned}\boldsymbol{M}=&(\widetilde{\boldsymbol{A}}+\widetilde{\boldsymbol{B}})-(\boldsymbol{A}_{12}^{\mathrm{T}}+\boldsymbol{B}_{12}^{\mathrm{T}})(\boldsymbol{A}_k+\boldsymbol{B}_k)^{-1}(\boldsymbol{A}_{12}+\boldsymbol{B}_{12})-\\&(\widetilde{\boldsymbol{A}}-\boldsymbol{A}_{12}^{\mathrm{T}}\boldsymbol{A}_k^{-1}\boldsymbol{A}_{12})-(\widetilde{\boldsymbol{B}}-\boldsymbol{B}_{12}^{\mathrm{T}}\boldsymbol{B}_k^{-1}\boldsymbol{B}_{12})\\=&\boldsymbol{A}_{12}^{\mathrm{T}}\boldsymbol{A}_k^{-1}\boldsymbol{A}_{12}+\boldsymbol{B}_{12}^{\mathrm{T}}\boldsymbol{B}_k^{-1}\boldsymbol{B}_{12}-(\boldsymbol{A}_{12}^{\mathrm{T}}+\boldsymbol{B}_{12}^{\mathrm{T}})(\boldsymbol{A}_k+\\&\boldsymbol{B}_k)^{-1}(\boldsymbol{A}_{12}+\boldsymbol{B}_{12})\\=&\boldsymbol{A}_{12}^{\mathrm{T}}[\boldsymbol{A}_k^{-1}-(\boldsymbol{A}_k+\boldsymbol{B}_k)^{-1}]\boldsymbol{A}_{12}+\boldsymbol{B}_{12}^{\mathrm{T}}[\boldsymbol{B}_k^{-1}-\\&(\boldsymbol{A}_k+\boldsymbol{B}_k)^{-1}]\boldsymbol{B}_{12}-\boldsymbol{A}_{12}^{\mathrm{T}}(\boldsymbol{A}_k+\boldsymbol{B}_k)^{-1}\boldsymbol{A}_{12}-\\&\boldsymbol{B}_{12}^{\mathrm{T}}(\boldsymbol{A}_k+\boldsymbol{B}_k)^{-1}\boldsymbol{A}_{12}\end{aligned}\tag{36}$$

$$\boldsymbol{I}_k-(\boldsymbol{I}_k+\boldsymbol{A}_k^{-1}\boldsymbol{B}_k)^{-1}=\boldsymbol{A}_k^{-1}(\boldsymbol{I}_k+\boldsymbol{B}_k\boldsymbol{A}_k^{-1})^{-1}\boldsymbol{B}_k$$ [2]

$$\boldsymbol{I}_k-(\boldsymbol{I}_k+\boldsymbol{A}_k\boldsymbol{B}_k^{-1})^{-1}=\boldsymbol{A}_k(\boldsymbol{I}_k+\boldsymbol{B}_k^{-1}\boldsymbol{A}_k)\boldsymbol{B}_k^{-1}$$

故由上两式即得

$$\boldsymbol{A}_k^{-1}-(\boldsymbol{A}_k+\boldsymbol{B}_k)^{-1}=(\boldsymbol{A}_k\boldsymbol{B}_k^{-1}\boldsymbol{A}_k+\boldsymbol{A}_k)^{-1}$$

$$\boldsymbol{B}_k^{-1}-(\boldsymbol{A}_k+\boldsymbol{B}_k)^{-1}=\boldsymbol{B}_k^{-1}\boldsymbol{A}_k(\boldsymbol{A}_k+\boldsymbol{A}_k\boldsymbol{B}_k^{-1}\boldsymbol{A}_k)^{-1}\boldsymbol{A}_k\boldsymbol{B}_k^{-1}$$

由上两式及 $\boldsymbol{B}_k^{\mathrm{T}}=\boldsymbol{B}_k,\boldsymbol{A}_k^{\mathrm{T}}=\boldsymbol{A}_k$，式(36) 可化为

$$\begin{aligned}\boldsymbol{M}=&(\boldsymbol{A}_{12}^{\mathrm{T}}-\boldsymbol{B}_{12}^{\mathrm{T}}\boldsymbol{B}_k^{\mathrm{T}-1}\boldsymbol{A}_k^{\mathrm{T}})(\boldsymbol{A}_k+\boldsymbol{A}_k\boldsymbol{B}_k^{-1}\boldsymbol{A}_k)^{-1}\cdot\\&(\boldsymbol{A}_{12}-\boldsymbol{A}_k\boldsymbol{B}_k^{-1}\boldsymbol{B}_{12})\\=&(\boldsymbol{A}_{12}-\boldsymbol{A}_k\boldsymbol{B}_k^{-1}\boldsymbol{B}_{12})^{\mathrm{T}}(\boldsymbol{A}_k+\boldsymbol{A}_k\boldsymbol{B}_k^{-1}\boldsymbol{A}_k)^{-1}\cdot\\&(\boldsymbol{A}_{12}-\boldsymbol{A}_k\boldsymbol{B}_k^{-1}\boldsymbol{B}_{12})\end{aligned}\tag{37}$$

因 $\boldsymbol{A}$ 亚正定，故 $\boldsymbol{A}_k$ 亚正定，但由假设：$\boldsymbol{A}_k^{\mathrm{T}}=\boldsymbol{A}_k$，故 $\boldsymbol{A}_k$ 是正定阵. 又 $\boldsymbol{A}_k\boldsymbol{B}_k^{-1}\boldsymbol{A}_k=\boldsymbol{A}_k^{\mathrm{T}}\boldsymbol{B}_k^{-1}\boldsymbol{A}_k$ 显然是正定阵(因 $\boldsymbol{B}_k$ 正定)，故 $\boldsymbol{A}_k+\boldsymbol{A}_k\boldsymbol{B}_k^{-1}\boldsymbol{A}_k$ 正定，于是 $(\boldsymbol{A}_k+\boldsymbol{A}_k\boldsymbol{B}_k^{-1}\boldsymbol{A}_k)^{-1}$ 亦正定，因而 $(\boldsymbol{A}_k+\boldsymbol{A}_k\boldsymbol{B}_k^{-1}\boldsymbol{A}_k)^{-1}=\boldsymbol{P}^{\mathrm{T}}\boldsymbol{P}$($\boldsymbol{P}$ 是 k 阶非异实阵)成立，由此式及式(37) 即知 $\boldsymbol{M}$ 是 $n-k$ 阶半正定阵. 证毕.

本定理的证明的主要想法是"挖掉"方阵中未必对称的部分,而充分运用局部对称性.

由于正定(实对称)阵必亚正定,且对所有 $k(1 \leqslant k < n)$,它均 k — 局部对称,故得:

系 11 设 $\boldsymbol{A}$ 与 $\boldsymbol{B}$ 都是 n 阶正定(实对称)阵,对任何 $k(k=1,2,\cdots,n-1)$,恒有

$$|(\boldsymbol{A}+\boldsymbol{B})/(\boldsymbol{A}+\boldsymbol{B})_k| > |\boldsymbol{A}/\boldsymbol{A}_k| + |\boldsymbol{B}/\boldsymbol{B}_k|$$

由 Schur 定理,式(35)可化为

$$|\boldsymbol{A}+\boldsymbol{B}| > |\boldsymbol{A}_k+\boldsymbol{B}_k| \left\{\frac{|\boldsymbol{A}|}{|\boldsymbol{A}_k|}+\frac{|\boldsymbol{B}|}{|\boldsymbol{B}_k|}\right\}$$

再应用式(32),便得:

系 12 设 $\boldsymbol{A}$ 是 n 阶亚正定阵,且是 k — 局部完全对称阵,$\boldsymbol{B}$ 是 n 阶正定(实对称)阵,则

$$|\boldsymbol{A}+\boldsymbol{B}| > |\boldsymbol{A}| \cdot \left\{1+\frac{|\boldsymbol{B}|}{|\boldsymbol{B}_k|}\right\} + |\boldsymbol{B}| \cdot \left\{1+\frac{|\boldsymbol{A}|}{|\boldsymbol{A}_k|}\right\} \tag{38}$$

式(38)改进了式(32),值得注意的是,式(38)即便是式(32),对两个亚正定阵则未必成立. 例如,$\boldsymbol{A}=\begin{pmatrix}1 & 2\\ -2 & 1\end{pmatrix}$,$\boldsymbol{B}=\begin{pmatrix}1 & -2\\ 2 & 2\end{pmatrix}$,$\boldsymbol{A}$ 与 $\boldsymbol{B}$ 都是亚正定阵,且 $|\boldsymbol{A}+\boldsymbol{B}|=6$,但 $|\boldsymbol{A}|=5$,$|\boldsymbol{B}|=6$,故式(32)对 $\boldsymbol{A}$ 与 $\boldsymbol{B}$ 不成立. 使式(32)成立的亚正定阵应是何种形式? 这是一个比较棘手的问题. 下面仅给出一个充分条件. 记 $r(\boldsymbol{M})$ 为矩阵 $\boldsymbol{M}$ 的秩,记方阵 $\boldsymbol{A}$ 与 $\boldsymbol{B}$ 的换位子矩阵为 $[\boldsymbol{A},\boldsymbol{B}]=\boldsymbol{AB}-\boldsymbol{BA}$.

定理 5 设 $\boldsymbol{A}$ 是 n 阶亚正定阵,$\boldsymbol{B}$ 是 n 阶亚正定阵,且 $\boldsymbol{B}$ 的特征值全是实数. 又设 $r([\boldsymbol{A},\boldsymbol{B}]) \leqslant 1$,则广

义 Minkowski 不等式仍然成立(式(27)).

证 由 Laffey-Choi 定理[7-8],对满足 $r([\boldsymbol{A},\boldsymbol{B}])\leqslant 1$ 的 $\boldsymbol{A}$ 与 $\boldsymbol{B}$,必存在非异复阵 $\boldsymbol{T}$,使 $\boldsymbol{T}^{-1}\boldsymbol{AT}$ 与 $\boldsymbol{T}^{-1}\boldsymbol{BT}$ 同时为上三角阵. 作 $\boldsymbol{T}$ 的 $\boldsymbol{QR}$ 分解:$\boldsymbol{T}=\boldsymbol{QR}$,此处 $\boldsymbol{Q}$ 为酉阵,$\boldsymbol{R}$ 为主对角元全大于零的上三角阵[2],于是 $\boldsymbol{T}^{-1}\boldsymbol{AT}$ 与 $\boldsymbol{T}^{-1}\boldsymbol{BT}$ 同时化为

$$\boldsymbol{Q}^{-1}\boldsymbol{AQ}=\begin{pmatrix}\lambda_1 & & & & & & & & \\ & \ddots & & & & & & & \\ & & \lambda_r & & & & & & \\ & & & a_1+\sqrt{-1}b_1 & & & & * & \\ & & & & a_1-\sqrt{-1}b_1 & & & & \\ & & & & & \ddots & & & \\ & & \boldsymbol{0} & & & & a_s+\sqrt{-1}b_s & & \\ & & & & & & & a_s-\sqrt{-1}b_s\end{pmatrix} \tag{39}$$

$$\boldsymbol{Q}^{-1}\boldsymbol{BQ}=\begin{pmatrix}\mu_1 & & & & & \\ & \ddots & & * & & \\ & & \mu_r & & & \\ & & & \mu_{r+1} & & \\ & \boldsymbol{0} & & & \ddots & \\ & & & & & \mu_n\end{pmatrix} \tag{40}$$

其中 λ_i,a_k,b_k,μ_j 全是实数,且由 $\boldsymbol{A}$ 与 $\boldsymbol{B}$ 的亚正定性知,λ_i,a_k,μ_j 全大于零[1]. 故由(39)(40) 两式便得

$$|\boldsymbol{A}+\boldsymbol{B}|^{\frac{1}{n}}=\{\prod_{i=1}^{r}(\lambda_i+\mu_i)\cdot$$

$$\prod_{i=1}^{s}[(a_i+\mu_{r+2i-1})(a_i+\mu_{r+2i})+b_i^2]\}^{1/n}$$

$$>\{\prod_{i=1}^{r}(\lambda_i+\mu_i)\cdot$$

$$\prod_{i=1}^{s}[(a_i^2+b_i^2)+\mu_{r+2i-1}\mu_{r+2i}]\}^{1/n}$$

再应用 Hölder 第二不等式于上式右边，即得

$$|\boldsymbol{A}+\boldsymbol{B}|^{1/n}>\{(\prod_{i=1}^{r}\lambda_i)\cdot\prod_{i=1}^{s}(a_i^2+b_i^2)\}^{1/n}+$$

$$\{(\prod_{i=1}^{r}\mu_i)\cdot\prod_{i=1}^{s}\mu_{r+2i-1}\mu_{r+2i}\}^{1/n}$$

$$=\{(\prod_{i=1}^{r}\lambda_i)\cdot\prod_{i=1}^{s}(a_i^2+b_i^2)\}^{\frac{1}{n}}+\{\prod_{i=1}^{n}\mu_i\}^{1/n}$$

$$=|\boldsymbol{A}|^{1/n}+|\boldsymbol{B}|^{1/n}$$

证毕.

当 $\boldsymbol{AB}=\boldsymbol{BA}$ 时，$r([\boldsymbol{A},\boldsymbol{B}])=0$，故由定理 5 显然可得：

系 13　设 $\boldsymbol{A}$ 与 $\boldsymbol{B}$ 是可交换的 n 阶亚正定阵，且 $\boldsymbol{B}$ 的特征值全是实数，则广义 Minkowski 不等式仍然成立.

定理 6　设 q 是小于 1 的正实数，$\boldsymbol{B}$ 是 n 阶正定（实对称）阵，且使 $\boldsymbol{B}$ 合同于单位阵的过渡阵为 $\boldsymbol{P}$. 又设 $\boldsymbol{A}$ 是 n 阶亚正定阵（$\boldsymbol{A}\neq\boldsymbol{B}$），且 $\boldsymbol{P}^{\mathrm{T}}\boldsymbol{AP}$ 的复特征值个数为

$2s$，则

$$|qA+(1-q)B| > q^{sq}\cdot(1-q)^{s(1-q)}\cdot|A|^{q}|B|^{1-q} \quad (41)$$

证 由假设知，$P^{T}BP=I_n$，并且式(39)成立，故

$$|P^{T}P|\cdot|qA+(1-q)B|$$

$$=\left|qI_n+(1-q)\cdot\begin{pmatrix}\lambda_1 & & & & & & & \\ & \ddots & & & & & & \\ & & \lambda_r & & & & & \\ & & & a_1+\sqrt{-1}b_1 & & & * & \\ & & & & a_1-\sqrt{-1}b_1 & & & \\ & & & & & \ddots & & \\ & & \mathbf{0} & & & & a_s+\sqrt{-1}b_s & \\ & & & & & & & a_s-\sqrt{-1}b_s\end{pmatrix}\right|$$

$$=\prod_{i=1}^{r}[q+(1-q)\lambda_i]\cdot\prod_{j=1}^{s}\{[q+(1-q)a_j]^2+[(1-q)b_j]^2\}$$

$$>\prod_{i=1}^{r}[q+(1-q)\lambda_i]\cdot\prod_{j=1}^{s}\{q^2+(1-q)^2(a_j^2+b_j^2)\} \quad (42)$$

(因为 $a_j>0$)．应用 Hölder 第一不等式[5]，即 $qx+(1-q)y\geqslant x^{q}y^{1-q}(x,y\geqslant 0)$，可得

$$\prod_{i=1}^{r}[q+(1-q)\lambda_i]\geqslant 1^{rq}\cdot\left(\prod_{i=1}^{r}\lambda_i\right)^{1-q}$$

$$\prod_{j=1}^{s}[q^2+(1-q)^2(a_j^2+b_j^2)]$$

$$\geqslant q^{sq} \cdot (1-q)^{s(1-q)} \cdot \left[\prod_{j=1}^{s}(a_j^2+b_j^2)\right]^{1-q}$$

由上面两式及式(42),式(41)可化为

$$|\boldsymbol{P}^{\mathrm{T}}\boldsymbol{P}|\cdot|q\boldsymbol{A}+(1-q)\boldsymbol{B}|$$

$$> q^{sq}(1-q)^{s(1-q)}\left[\left(\prod_{i=1}^{r}\lambda_i\right)\cdot\prod_{j=1}^{s}(a_j^2+b_j^2)\right]^{1-q}$$

$$=q^{sq}(1-q)^{s(1-q)}\cdot|\boldsymbol{P}^{\mathrm{T}}\boldsymbol{AP}|^{q}\cdot|\boldsymbol{P}^{\mathrm{T}}\boldsymbol{BP}|^{1-q}$$

$$=|\boldsymbol{P}^{\mathrm{T}}\boldsymbol{P}|\cdot q^{sq}(1-q)^{s(1-q)}|\boldsymbol{A}|^{q}\cdot|\boldsymbol{B}|^{1-q}$$

上式两边消去 $|\boldsymbol{P}^{\mathrm{T}}\boldsymbol{P}|$ 即得式(41),证毕.

当 $\boldsymbol{A}$ 与 $\boldsymbol{B}$ 都是正定(实对称)阵,且 $\boldsymbol{A}\neq\boldsymbol{B}$ 时,$s=0$,故得下面著名的凸性不等式[6].

系 14 设 $\boldsymbol{A}$ 与 $\boldsymbol{B}$ 都是 n 阶正定(实对称)阵,$\boldsymbol{A}\neq\boldsymbol{B}$,$q$ 是小于 1 的正实数,则

$$|q\boldsymbol{A}+(1-q)\boldsymbol{B}|>|\boldsymbol{A}|^{q}\cdot|\boldsymbol{B}|^{1-q}$$

由定理 6 及命题 1 还显然可得:

系 15 设 $\boldsymbol{A}$ 与 $\boldsymbol{B}$ 的假设同定理 6,则

$$|q\boldsymbol{A}+(1-q)\boldsymbol{B}|$$

$$> q^{sq}\cdot(1-q)^{s(1-q)}\cdot|R(\boldsymbol{A})|^{q}\cdot|\boldsymbol{B}|^{1-q} \tag{43}$$

定理 7 设 q 是小于 1 的正实数,$\boldsymbol{A}$ 与 $\boldsymbol{B}$ 是两个不同的 n 阶亚正定阵,且 $r([\boldsymbol{A},\boldsymbol{B}])\leqslant 1$. 又设 $\boldsymbol{A}$ 的复特征数个数为 $2s$,而 $\boldsymbol{B}$ 的特征值全是实数,则式(41)仍然成立.

证 与定理 5 证明中的前半部分相同,由假设可得式(39)(40),故

$$|q\boldsymbol{A}+(1-q)\boldsymbol{B}|$$

$$=\prod_{i=1}^{r}[q\lambda_i+(1-q)\mu_i]\cdot\prod_{j=1}^{s}\{[qa_j+(1-q)\mu_{r+2i-1}]\cdot [qa_j+(1-q)\mu_{r+2j}]+b_j^2\} \tag{44}$$

上面运算过程中，因为左边是实数，所以右边的虚部为零. 于是由 Hölder 第一不等式，式(44) 可化为

$$\begin{aligned}
&|qA+(1-q)B| \\
&> \prod_{i=1}^{r}[q\lambda_i+(1-q)\mu_i]\cdot \\
&\quad \prod_{j=1}^{s}[q^2(a_j^2+b_j^2)+(1-q)^2\mu_{r+2i-1}\mu_{r+2i}] \\
&\geqslant \prod_{i=1}^{r}[\lambda_i^q\mu_i^{1-q}]\cdot\prod_{j=1}^{s}[q^q(a_j^2+b_j^2)^q\cdot \\
&\quad (1-q)^{1-q}(\mu_{r+2i-1}\mu_{r+2i})^{1-q}] \\
&=q^{sq}(1-q)^{s(1-q)}\left[\left(\prod_{i=1}^{r}\lambda_i\right)\cdot\prod_{i=1}^{s}(a_i^2+b_i^2)\right]^q\cdot\left(\prod_{j=1}^{n}\mu_j\right)^{1-q} \\
&=q^{sq}\cdot(1-q)^{s(1-q)}\;|A|^q\cdot|B|^{1-q}
\end{aligned}$$

证毕.

定理8 设 A 是 n 阶正定(实对称)阵，$B=(b_{ij})_{n\times n}$ 是 n 阶亚正定阵，则

$$|A\circ B|\geqslant|A|\cdot b_{11}b_{22}\cdots b_{nn} \tag{45}$$

其中 $A\circ B$ 是 A 与 B 的 Hadamard 乘积.

证 对 n 用归纳法. $n=1$ 时定理显然正确. 对任何 n，将 A 与 B 如下分块

$$A=\begin{pmatrix}A_{n-1} & \alpha\\ \alpha^{\mathrm{T}} & a_{nn}\end{pmatrix},B=\begin{pmatrix}B_{n-1} & \beta\\ \tilde{\beta} & b_{nn}\end{pmatrix}$$

其中 A_{n-1} 与 B_{n-1} 分别是 A 与 B 的 $n-1$ 阶顺序主子阵，它们分别是正定阵与亚正定阵[1]. 又因

$$\begin{aligned}
\tilde{A}&=\begin{pmatrix}A_{n-1} & \alpha\\ \alpha^{\mathrm{T}} & \alpha^{\mathrm{T}}A_{n-1}^{-1}\alpha\end{pmatrix}\\
&=\begin{pmatrix}I_{n-1} & A_{n-1}^{-1}\alpha\\ 0 & 1\end{pmatrix}\begin{pmatrix}A_{n-1} & 0\\ 0 & 0\end{pmatrix}\begin{pmatrix}I_{n-1} & A_{n-1}^{-1}\alpha\\ 0 & 1\end{pmatrix}
\end{aligned}$$

故 $\widetilde{\boldsymbol{A}}$ 是半正定(实对称)阵. 另外, 由 Schur 定理, $|\boldsymbol{A}|=|\boldsymbol{A}_{n-1}|\cdot(a_{nn}-\boldsymbol{\alpha}^{\mathrm{T}}\boldsymbol{A}_{n-1}^{-1}\boldsymbol{\alpha})$,故 $\boldsymbol{\alpha}^{\mathrm{T}}\boldsymbol{A}_{n-1}^{-1}\boldsymbol{\alpha}=a_{nn}-\dfrac{|\boldsymbol{A}|}{|\boldsymbol{A}_{n-1}|}$,因而

$$\widetilde{\boldsymbol{A}}=\begin{pmatrix}\boldsymbol{A}_{n-1} & \boldsymbol{\alpha}\\ \boldsymbol{\alpha}^{\mathrm{T}} & a_{nn}-\dfrac{|\boldsymbol{A}|}{|\boldsymbol{A}_{n-1}|}\end{pmatrix}$$

因为对任何 n 维实列向量 $\boldsymbol{x}$,恒有

$$\begin{aligned}\boldsymbol{x}^{\mathrm{T}}(\widetilde{\boldsymbol{A}}\circ\boldsymbol{B})\boldsymbol{x}&=\boldsymbol{x}^{\mathrm{T}}(\widetilde{\boldsymbol{A}}\circ R(\boldsymbol{B}))\boldsymbol{x}+\boldsymbol{x}^{\mathrm{T}}(\widetilde{\boldsymbol{A}}\circ S(\boldsymbol{B}))\boldsymbol{x}\\&=\boldsymbol{x}^{\mathrm{T}}(\widetilde{\boldsymbol{A}}\circ R(\boldsymbol{B}))\boldsymbol{x}\geqslant 0\end{aligned}$$

(因为 $\widetilde{\boldsymbol{A}}\circ R(\boldsymbol{B})$ 半正定(实对称)),故 $\widetilde{\boldsymbol{A}}\circ\boldsymbol{B}$ 亚半正定,于是 $|\widetilde{\boldsymbol{A}}\circ\boldsymbol{B}|\geqslant 0$[1],故

$$0\leqslant|\widetilde{\boldsymbol{A}}\circ\boldsymbol{B}|=\left|\begin{pmatrix}\boldsymbol{A}_{n-1} & \boldsymbol{\alpha}\\ \boldsymbol{\alpha}^{\mathrm{T}} & a_{nn}-\dfrac{|\boldsymbol{A}|}{|\boldsymbol{A}_{n-1}|}\end{pmatrix}\circ\begin{pmatrix}\boldsymbol{B}_{n-1} & \boldsymbol{\beta}\\ \widetilde{\boldsymbol{\beta}} & b_{nn}\end{pmatrix}\right|$$

$$=\begin{vmatrix}\boldsymbol{A}_{n-1}\circ\boldsymbol{B}_{n-1} & \boldsymbol{\alpha}\circ\boldsymbol{\beta}\\ \boldsymbol{\alpha}^{\mathrm{T}}\circ\widetilde{\boldsymbol{\beta}} & a_{nn}b_{nn}-\dfrac{|\boldsymbol{A}|}{|\boldsymbol{A}_{n-1}|}b_{nn}\end{vmatrix}$$

$$=\begin{vmatrix}\boldsymbol{A}_{n-1}\circ\boldsymbol{B}_{n-1} & \boldsymbol{\alpha}\circ\boldsymbol{\beta}\\ \boldsymbol{\alpha}^{\mathrm{T}}\circ\widetilde{\boldsymbol{\beta}} & a_{nn}b_{nn}\end{vmatrix}-\begin{vmatrix}\boldsymbol{A}_{n-1}\circ\boldsymbol{B}_{n-1} & \boldsymbol{0}\\ \boldsymbol{\alpha}^{\mathrm{T}}\circ\widetilde{\boldsymbol{\beta}} & \dfrac{|\boldsymbol{A}|}{|\boldsymbol{A}_{n-1}|}b_{nn}\end{vmatrix}$$

$$=|\boldsymbol{A}\circ\boldsymbol{B}|-|\boldsymbol{A}_{n-1}\circ\boldsymbol{B}_{n-1}|\cdot\frac{|\boldsymbol{A}|}{|\boldsymbol{A}_{n-1}|}b_{nn}$$

将归纳法用于 $|\boldsymbol{A}_{n-1}\circ\boldsymbol{B}_{n-1}|$,上式化为

$$\begin{aligned}|\boldsymbol{A}\circ\boldsymbol{B}|&\geqslant|\boldsymbol{A}_{n-1}|\cdot b_{11}b_{22}\cdots b_{n-1,n-1}\cdot\frac{|\boldsymbol{A}|}{|\boldsymbol{A}_{n-1}|}b_{nn}\\&=|\boldsymbol{A}|\cdot b_{11}b_{22}\cdots b_{nn}\end{aligned}$$

证毕.

系 16 设 $\boldsymbol{A}$ 是 n 阶正定(实对称)阵，$\boldsymbol{B}=(b_{ij})_{n\times n}$ 是 n 阶亚正定阵，且满足条件

$$b_{ik}b_{kj}=b_{jk}b_{ki},i>j,k$$

$$\sum_{i=k+1}^{n}b_{ik}b_{ki}=0,k=1,2,\cdots,n-1$$

则

$$|\boldsymbol{A}\circ\boldsymbol{B}|\geqslant|\boldsymbol{AB}|$$

这由定理 1 与定理 8 可知是显然的.

因为正定阵必亚正定，所以由定理 8 即得下述著名结论：

系 17(Openheim) 设 $\boldsymbol{A}$ 与 $\boldsymbol{B}=(b_{ij})_{n\times n}$ 都是 n 阶正定(实对称)阵，则式(45)仍然成立.

证 定理 8 中的 $\boldsymbol{B}$ 换成更一般的亚半正定阵，式(45)仍然成立. 因为在证明中的关键一步是 $\widetilde{\boldsymbol{A}}\circ R(\boldsymbol{B})$ 的半正定性，而当 $\boldsymbol{B}$ 是亚半正定阵时，$R(\boldsymbol{B})$ 是半正定阵，故 $\widetilde{\boldsymbol{A}}\circ R(\boldsymbol{B})$ 仍然是半正定阵.

参考文献

[1] 屠伯埙. 亚正定阵理论(Ⅰ)[J]. 数学学报，1990，33(4)：462-471.

[2] 屠伯埙. 线性代数方法导引[M]. 上海：复旦大学出版社，1986.

[3] 屠伯埙. 正定 Hermite 阵行列式的界限与 Hadamard 不等式的改进[J]. 复旦学报(自然科学版)，1986，25(4)：429-435.

[4] MINC H. A determinantal inequality for a matrix[J]. Lin. and Multilin. Alg.，1980(9)：5-11.

[5] MARSHALL A W，OLKIN I. Inequalities：Theory of majorization and its applications [M]. New York：

Academic Press,1979.

[6] BELLMAN R. Introduction to matrix analysis[M]. New York: McGraw-Hill,1970.

[7] LAFFEY T J. Simultaneous triangularization of matrices-low rank cases and the nonderogatory case[J]. Lin. and Multilin. Alg. ,1978,6(4):269-305.

[8] CHOI M P, LOURIE C, RADJAVI H. On commutators and invariant subspaces[J]. Lin. and Multilin. Alg. , 1981,9(4):329-340.

[9] STYAN P H. Hadamard products and multivariate statistical analysis[J]. Lin. Alg. Appl. ,1973(6):217-240.

第三编

为什么总是法国

法兰西骄子

第11章

§1　法兰西骄子——近年来获菲尔兹奖和沃尔夫奖的法国数论及代数几何大师

对于一个国家或民族来说，评价其数学成就的大小，两个比较重要的参考指标是菲尔兹奖与沃尔夫奖的获奖人数．菲尔兹奖素有数学界的诺贝尔奖之誉，它是奖给40岁以下的杰出数学家．而沃尔夫奖则是一种终身成就奖，华人在这两种大奖中各有一人获奖．1982年，由于在微分几何、偏微分方程中的出色工作，丘成桐获得了菲尔兹奖，陈省身则由于其在整体微分几何方面的出色工作，于1983年获沃尔夫奖．而法国人则在这两个大奖中占有非常多的位置，限于本书的范围，我们仅选择与Fermat大定理近代发展有关的几位获两项大奖之一的法国数学家,介绍他们的生平与工作,一是使读者了解数论及代数几何在法国的传统地位以及对今天的影响,也就是说,法国数学家或为Fermat大定理的解决直接提供了有用的工具,或是间接推动了许多重要结果的产生;二是使读者了解是许多人共同营造了Fermat大定理获证的氛围.①关于数学的发展,人们一般乐于引用H. Hankel的那句著名的话:"在大多数学科里,一代人要推倒另一代人所修筑的东西,一个人所建立的另一个人要加以摧毁.只有数学,每一代人都能在旧的大厦上添建一层新楼."这是数学发展渐进观的宣言,它明确地指出了数学与其他科学的发展模式之不同.饮水思源,Wiles的证明的得到不是偶然的,而是许多数学大师共同积累的产物,其中首推Fermat的老乡们.

最年轻的菲尔兹奖得主——Jean Pierre Serre

Serre在1954年获菲尔兹奖时,还不满28岁,他是迄今为止的获奖者中年纪最小的. Weyl在介绍他和小平邦彦的工作时说:"数学界为你们二位所做的工作感到骄傲.它表明数学这棵长满节瘤的老树仍然充满着汁液与生机."Weyl还用一句语重心长的话勉励他们:"愿你们像过去一样继续努力!"第二年Weyl去世了,可是他的希望并没有落空,Serre等人所做的研究大大推动了数学的发展,改变了数学的面貌,Serre本人也成为当代数学界的领袖人物之一.

---

① 本节许多材料是取自于胡作玄的《菲尔兹获奖者传》及李心灿的《数学大师》.

1926 年 9 月 15 日，Serre 生于法国南部的巴热斯. 他的父母都是药剂师，他在尼姆斯上中学，从小就显露出非凡的数学才能. 1944 年 8 月，德军占领巴黎时，他还不满 18 岁就考进了高等师范学校读书. 老一辈的布尔巴基成员都是该校的毕业生. 由于“第二次世界大战”的影响，布尔巴基成员很久没有集体活动了，这时又重新聚首，筹划新的活动. 1948 年底，布尔巴基讨论班恢复正常活动，主要是介绍国际上最重要的数学成就，其中有不少就是布尔巴基学派成员自己的工作. 与此同时，小 Cartan 主持的 Cartan 讨论班也正式开办，他从代数拓扑学入手，整理近年来拓扑学及有关领域的成就来培养一代新人. Serre 正是从这时开始走上他的科学道路.

在 Serre 之前，菲尔兹奖主要授予在分析方面做出重大成就的数学家；在 Serre 之后，主要授予在拓扑学及代数几何学中有杰出贡献的数学家. Serre 正是由于代数拓扑学的工作而获奖的.

19 世纪末，Poincaré 开创了代数拓扑学的新方向. 其后荷兰、苏联、波兰、瑞士、德国、英国、美国、捷克等国都有许多人从事该项研究，唯独法国似乎无人问津. 早在 20 世纪 20 年代中期，布尔巴基学派的创始人就意识到这门学科的重要性，20 世纪 30 年代中期，开始积极探索这方面的路子，并取得了一些成就. 像 Ehresmann 引进纤维丛的概念以及他对 Grassmann 流形上同调环的工作都对后来发展有很重要的影响.

Serre 开始进行拓扑学研究时，同调论已经有了相当的发展，而与此相关的同伦论则裹足不前. 第一个拦路虎是同伦群的计算,连最简单的球面的同伦群至今还没有完整的结果. Serre 的工作之前,像 Pontryagin 这样的数学家对同伦群的计算都出了大错,这时 20 岁出头的 Serre 开始向这一门极为困难的年轻学科进攻,他的工作完全改变了这门学科的面貌.

从 1949 年到 1954 年五年间,Serre 在 Cartan 的指导下,发展了纤维丛的概念,得出一般纤维空间概念.对于一般纤维空间,他利用 Leray 等数学家研究的谱序列等一系列工具解决了纤维、底空间、全空间的同调关系问题,并由这个结果证明同伦群的第一个重要的一般结论:除以前知道的两种情形之外,球面的同伦群都是有限群.可以毫不夸张地说,Serre1950 年的这篇博士论文使这个问题发生了巨大的变化.

不仅如此,Serre 引进局部化方法把求同伦群的问题加以分解,得出一系列重大结果,他的方法到 20 世纪 70 年代又有了更新的发展.另外他证明了上同调运算与某一空间的上同调之间的对应关系,从而把上同调运算系统化.

Serre 在 20 世纪 50 年代初还在同调代数方面做了许多重要工作,促使同调代数这门学科的诞生.同调代数实际上是把代数拓扑学的方法应用于代数学研究.这个重要工具形成之后,立即对抽象代数以及其他许多分支产生了重要影响. Serre 本人在 1955 年就得出了正则局部环的同调刻画.

1954 年之后,Serre 的工作转向代数几何学及复解析几何学的领域.他在普林斯顿的时候,帮助德国数学家 Hirzebruch 把代数几何学的中心定理——

Riemann-Roch 定理推广到高维代数簇. 原来这个定理只对代数曲线做出过证明,后来小平邦彦将其推广到代数曲面,而对于三维以上的代数簇,连 Riemann-Roch 定理的形式也还不清楚. Serre 以其深刻的洞察力得出了这个表示,从这个表示出发,后来又有许多推广.

1955 年,Serre 写了《凝聚代数层》及《代数几何学与解析几何学》两篇文章,这两篇文章经常以缩写 FAC 及 GAGA 被多次引用,成为现代数学的新经典文献. 在第一篇文章中,他运用 Leray 在 1945 年发表的"层"的理论研究多复变函数论,后来又将其应用于代数几何学的研究. 在后一篇文章里,他发现代数几何学与解析几何学之间的平行性. 这里解析几何学并不是我们平时讲的 Descartes 用坐标方法研究几何学的学科. 正如代数几何学研究由多项式的零点定义的代数簇,解析簇则是由解析函数的零点定义的. 它们都可以用更本质的方式来定义,这样所得的结果有某种平行关系. Serre 第一次发现这种关系,从而在多复变函数论及代数几何学这两个看来无关的学科之间建立起密切的关系.

从 20 世纪 60 年代中期起,Serre 的工作转向数论方面,他在证明"Weil 猜想"方面起了很大的作用,当时比利时的年轻学生 Deligne 就是跟随着他学习的. 后来 Deligne 很快地成长起来,而他又非常谦虚,有时向 Deligne 请教,还说"我是来向老师学习的". 他同欧美许多第一流学者保持着经常的交流与来往. 他们常常合作共同写文章. 在他 50 岁生日的时候,世界大多数著名数学家都写文章来祝贺,30 多篇庆贺的文章占用了《数学发明》杂志 35,36 两卷. 对于其他学者,哪怕是非常出名的,也很少有这样的表示. 这不仅表明大家公认 Serre 是当代数学界的一位领袖人物,而且也说明他的人缘非常好.

Serre 在 20 世纪 70 年代被选为巴黎科学院院士,1982 年被选为国际数学联盟执委会副主席.

Serre 不仅在科学研究上成果累累,表现出极强的独创性,而且擅长写作,精于表述. 有人说他写的文章都值得借鉴,这话的确不假. 很复杂的东西经他一写,简单、明确、清楚、透彻,无论初学者或专家读后均大有收获. 他写了十几本各种程度的书,大都被译成世界各国的文字,其中《数论教程》已正式出版(冯克勤译),这对于中国学生掌握现代数学主流肯定会有所裨益.

热衷于政治运动的菲尔兹奖得主——Alexandre Grothendieck

Alexandre Grothendieck 是一位富有传奇色彩的人物. 他留一个和尚头,衣着随便,完全是一位平民的样子. 的确,他和一般的教授、学者、科学家很不一样,既不是出身名门,也没有受过系统的正规教育. 他热衷于政治运动, 主要是无政府主义运动及和平运动. 许多人慕名前来向他求教代数几何学, 他却认为那是一般人所不易理解的,于是进行一套无政府主义宣传,动员求学的人参加他的政治活动. 20 世纪 60 年代他被聘为巴黎的高等科学研究院的终身教授,当他获悉这个国际学术机构受到“北大西洋公约组织”资助时,他就辞去了职务回乡务农,过自食其力的生活.1968年他参加了抗议苏联入侵捷克斯洛伐克的活动.1970年,一贯支持苏联官方政策的苏联科学院院士Pontryagin做关于"微分对策"的报告,其中谈到导弹追踪飞机之类的问题.他不顾大会的秩序,上台抢话筒,打断了Pontryagin的演说,抗议在数学家大会上演讲与军事有关的题目.当他认识到数学研究都直接或间接受到军方的资助时,终于毅然决然在20世纪70年代初脱离数学研究工作.但是在他短短20年的数学研究生涯中,却给数学带来了极为丰硕的成果,对于后来数学的发展有着巨大的影响.

Grothendieck于1928年3月24日生于柏林,在"第二次世界大战"期间受过一些教育,战后才去高等师范学校和法兰西学院听课.这期间正是布尔巴基学派的影响日益扩大的时候,Grothendieck由于没有经过正规的训练,只是独立地自己去思考.当他把自己得到的一些结果请Dieudonne等人看时,他们发现他独立地发现和证明了许多已知的定理.无疑,这也显示了他的天才能力.于是他们就指导他去研究一些新题目,不久他就得到一大批新结果,并建立了一套新理论,这就是他短暂的第一个时期——泛函分析时期.

"第二次世界大战"之前,泛函分析集中研究Hilbert空间、Banach空间以及它们的算子.但是这两类空间对于数学的发展是不够的,在Schwarz研究广义函数时,Dieudonne和Schwarz在这些方面进行了重要的推广.Grothendieck在他们工作的基础上,开始了系统的拓扑向量空间理论的工作.他的工作是如此卓越，以致一直到 20 世纪 70 年代中期，他提出的理论还没有很大的改进. 特别是他引进的核空间，是最接近有限维空间的抽象空间，利用核空间理论，可以解释广义函数论中许多现象. 他还引进了张量积，这对以后的研究是很重要的工具. 这些工作均因其独创性、深刻性及系统性使数学界震惊. 1996 年 Dieudonne 介绍他的工作时提到，Grothendieck 在这个时期的工作和 Banach 的工作给数学的这个分支（即泛函分析）留下最强的标记. 要知道，Banach 是泛函分析的创始人之一，而且是集其大成的伟大数学家.

20 世纪 50 年代中期，Grothendieck 由泛函分析转向代数几何学的研究. 他的工作标志着现代抽象代数几何学的扩张及更新. 他不仅建立起一套抽象的庞大体系，而且运用这些概念及工具解决了许多著名猜想及难题. 1973 年，德利哥尼完成 Weil 猜想的证明，主要就是靠 Grothendieck 这一套了不起的理论.

这个时候，代数几何学已经经历了漫长的发展. 长期以来，人们靠图形、靠直观，得出一系列的结果. 但是，在考虑"两个代数簇相交截，交口的样子如何"这个问题时，却拿不出可靠的结论. 看来直观是不太靠得住的，要靠严密的理论. 抽象代数学发展之后，van der Waerden 在 20 世纪 30 年代初步给代数几何学打下一个基础. 但是，问题并没有彻底解决，真正为代数几何学奠定基础的是 Weil 和 Zariski. Weil 的名著《代数几何学基础》是抽象代数几何学的一个里程碑. 不过，它可太抽象了，抽象得连一个图形都没有. 虽说是这样，在人们头脑里，"抽象代数簇"还是使人想到代数曲线、代数曲面的形象，不过到了 Grothendieck，几何的形象最后一点痕迹也没有了，代数几何学成为交换代数的一个分支.

1956 年，Cartier 建议把代数簇再进一步推广，成为一点几何味道都没有的“概型”. 现在，概型已经是代数几何学的基本概念了，其余的就是环、层、拓扑、范畴……. 看到这些，外行人会吓得退避三舍. 从这时起，Grothendieck 制订了一项规模宏大的写作计划，然后带领他的学生一步一步加以实现. 到 1970 年他脱离数学工作的时候，他的巨著已经完成了十几卷，后来 Deligne 以及布尔巴基一些成员陆续加以整理出版，基本构成一个完整的体系，并将其命名为“概型论”.

在他 20 多年的科研工作中，给数学界留下的一时还难以消化的财富实在太多了. 他热衷于社会活动，忠实于自己的政治信念. 他离开了数学，但是他给我们留下的却是难以忘怀的印象.

尚不知名但很有前途的人——Pierre Deligne

几个世纪以来，法国的数学一直在世界居于领先地位. 法国数学界的伟人，往往也就是国际数学界的杰出人物. 比如说，法国老一辈数学家、布尔巴基学派的创始人 Dieudonne 和 Weil，以及菲尔兹奖获得者 Grothendieck 和 Serre 都是当今国际数坛上举足轻重的数学家. 那么，谁会是明天法国数学界的伟人呢？

1979 年，法国《新观察家》周刊第 777 期与第 778 期发表了一篇调查报告，报道了 50 名法国各行各业“尚不知名但很有前途的人”. 这家周刊对上述问题的回答是：“这个伟人将是（法国）高等科学研究所的一个比利时人，他叫 Pierre Deligne.”这家周刊认为“正是由于像他那样的人才，法国才得以在数学等领域一直占据着一定的地位.”

新闻界对于数学家圈子里的事常常报道失实，可是这几句评语却并不过分. 唯一可以补充的是 Deligne 在数学界的名声，即使在今天来说也不算小.

一个比利时人，怎么会跑到法国来“面南称王”？原来，在 Deligne 的成长过程中，有过 3 次并非偶然的机会. 这 3 次机会不仅使他和数学结下了不解之缘，而且一步步地把他促成为法国数学界新一代的精英.

Deligne 是 1944 年 10 月 3 日在比利时首都布鲁塞尔出生的. 他的第一次机会相当富有戏剧性. 在他还是一个 14 岁的中学生的时候，一位热心的中学数学教师尼茨居然借了几本布尔巴基的《数学原本》给他看. 人们知道，布尔巴基并非真有其人，这只不过是 20 世纪 30 年代一批杰出的法国青年数学家的集体笔名. 他们为了以“结构”来整理数学知识，陆续写出了几十卷《数学原本》，迄今尚未写完. 这套书的特点是严密、浩繁且又高度抽象，什么东西都被放到了应有的逻辑位置上，可就是没有什么背景性、启发性的叙述. 因此，就是大学的数学系，也很少有人把这套书作为教本，人们只是把这套书作为百科全书来查阅，或是作为专著研读，以便对于数学的全盘获得清晰的概念. 可是 Deligne 却读下去了，他不仅经受了这个沉重的考验，而且还真有所得. 这件事，既说明了教师尼茨本人的学识修养和慧眼识人，也显示了 Deligne 把握抽象内容的出色禀赋. 当 Deligne 后来进入布鲁塞尔大学学习时，他对于大部分的近代数学分支已经有了相当的认识.

Deligne 的第二次机会，是有幸在布鲁塞尔自由大学做了群论学家 Tits 的学生. Tits 是一位有世界声誉的数学家，在有限单群方面有出色的成就，对于现代数学的各个方面也有比较深刻的认识. 他不仅使 Deligne 的基础知识臻于完美，而且难能可贵的是，他无意于把这个有才能的学生圈在自己的身边. 根据 Deligne 的兴趣和特长，他极力劝说 Deligne 到巴黎去深造，这样可以在代数几何、代数数论等方面向前沿迈进，Deligne 听从了老师的这一劝告. 以后的事实说明，这是非常重要的一步. 顺便一提，Tits 本人也长期在法国任教，并于 1979 年当选为法国科学院的院士.

20 世纪 60 年代的巴黎，在代数几何、代数数论方面是世界上屈指可数的中心之一. Grothendieck，Serre 这两位昔日的菲尔兹奖获得者，各自主持着一个讨论班. 从 1965 年到 1966 年，Deligne 在法国最著名的大学——法国高等师范学校学习. 他怀着强烈的求知欲参加了这两个讨论班. 这是使他取得今天这样巨大成就的最重要的一次机会. 这一次终于把他造就成了一位现代数学家. Deligne 1967 年到 1968 年回到布鲁塞尔，受比利时国家科学基金的资助做研究. 1968 年他得到布鲁塞尔大学的博士学位并任该校教授. 从 1967 年起，他也常去巴黎. 1970 年，他成为巴黎南郊的高等科学研究所终身教授，年仅 26 岁.

法国对于高级科研人才的培养和使用，一直奉行着一种“少数精英主义”，强调“人不在多，但一定要出类拔萃”.拿高等科学研究所来说,一共只有7位终身教授(其中4位是数学教授,3位是物理教授),30名访问教授.但这4位数学终身教授中,就有2位菲尔兹奖获得者——Thom和Deligne.

Deligne本人的研究,受Grothendieck和Serre的影响是很深刻的,虽然从表面上看,他没有费什么力气就掌握了这两位大数学家的思想和技巧,但Deligne在以后几年里的研究方向,基本上是Grothendieck研究方向的延长与扩展.对于Deligne的优秀才能和出色表现,Grothendieck评价说:“Deligne在1966年就与我旗鼓相当了.”事实上,从1966年起到1978年获得菲尔兹奖为止,Deligne一共完成了近50篇重要的论文,其中包括使他获得菲尔兹奖的主要工作——证明了Weil猜想.Weil猜想的获证,可以说是代数几何学近40年来最重大的成就.

获沃尔夫奖的布尔巴基的犹太人数学家——Ardré Weil

Ardré Weil是一位最杰出的法国数学家,1906年5月6日生于法国巴黎.由于他在数论中的代数方法上所取得的辉煌成就,1979年荣获沃尔夫数学奖,时年73岁.

Weil是犹太人的后裔,自幼勤奋好学,16岁就考入了巴黎高等师范学校.在学习期间,他一方面精读了许多经典名著,一方面关心着最新的课题.1925年他毕业时才19岁,毕业后曾先后到罗马、哥廷根、柏林等地游历,深受当时正在兴起的抽象代数及拓扑学的影响,1928年回国后,他便写出了论文《代数曲线上的算术》,并获得博士学位,时年仅 22 岁. 1929 年,他又去罗马研习泛函分析及代数几何,这对他后来的工作产生了深刻的影响. 1930～1932 年他去印度阿里格尔的穆斯林大学任教授,其后在马塞当了一年讲师. 1933～1939 年他回到本国斯特拉斯堡大学任教."第二次世界大战"临近,法国开始扩军备战,Weil 不愿当兵,因 1939 年夏天逃避兵役,于 1940 年初被关进监狱. 不久法国就沦陷了,他便于 1941 年去了美国,先在美国教了几年书,然后于 1945 年去巴西圣保罗大学任教. 1947～1958 年他任美国芝加哥大学教授,1958 年任普林斯顿高等研究所教授. Weil 是美国国家科学院的外籍院士.

Weil 是法国布尔巴基学派的创始成员和杰出代表之一. 他思维敏捷,才华横溢,在 20 岁时,他就写出了第一篇论文《论负曲率曲面》,把 Carleman 不等式由极小曲面推广到一般的单连通曲面,并指出它对于多连通曲面不成立. 1922 年起他开始研究当时刚刚兴起的泛函分析,接着就进入了他的主攻领域数论. Weil 是一位博学多才的数学家. 在将近半个世纪的岁月里,他相继在数论、拓扑学、调和分析、群论、代数、代数几何等重要分支取得了丰硕的成果. 20 世纪 20 年代初,他推广了 L. J. Mordell 的工作,从而得到了 Mordell-Weil 定理,即设 A 为在有限次代数数域 k 上定义的 n 维 Abel 簇,则 A 上的 k 有理点全体构成的群 A_k 是有限生成的. $n=1$ 的情形是 Mordell 于 1922 年证明的,一般情形是 Weil 于 1928 年证明的. 另外,设 m 为有理整数,则商群 A_k/mA_k 为有限群,称为弱

Mordell-Weil 定理，它是 Mordell-Weil 定理证明的基础之一，并亦被用于 Siegel 定理的证明中. Weil 的这项成就既使 Mordell 的定理得到了推广，又开辟了不定方程的新方向. 20 世纪 30 年代末，他研究了拓扑群上的积分问题，证明了一致局部紧空间具有星形有限性. 1938 年他引入了一致空间的概念，用对角线的邻域定义了一致结构，从而奠定了一致拓扑结构的基础. 1936 年他写完了专著《拓扑群的积分及其应用》(但 1940 年才出版)，此书反映出的数学结构主义体现了布尔巴基学派的观点，它开辟了群上调和分析的新领域. 20 世纪 40 年代，他潜心于把代数几何学建立在抽象代数和拓扑学的基础上. 1946 年，他在把相交理论奠基于抽象域上的同时，把几何思想引进抽象代数理论之中. 由此，他把 Hasse 等人开创的单变量代数函数理论的算术化推广到多变量的情形，从而开辟了一个新方向. Weil 根据他的交变理论，在抽象域的情形下重新建立 Severi 的代数对应理论，并成功地证明了关于同余 ζ 函数的相应 Riemann 猜想. 他把古典的 Abel 簇的理论纯代数地建立起来，包括特征 p 的情形. 他的这些工作建立了完整的代数几何学体系，使得他在 1946 年出版的《代数几何学基础》成为一本经典著作，为代数几何学的发展奠定了严密的抽象代数基础，大大推动了代数几何理论及其应用的发展. 他所确立的数域上或有限域上的代数几何被称为数论代数几何，形成独立的领域. 1948 年，Weil 抛开了分析学而用纯代数方法成功地建立了 Abel 簇的理论，这不仅从代数几何学的角度看是重要的，而且对于代数几何在数论方面的应用，也具有极其重要的意义. Weil的Abel簇的代数几何理论，推动了Hilbert第12个问题研究的发展. 1949年，他引入了代数簇同余ζ函数的定义，并提出代数方程在有限域中解的个数的"Weil猜想"：对每个素数p，应该有一组复数a_{ij}使得

$$N_{pr}=\sum_{j=1}^{n}(-1)^{j}\sum_{i=1}^{B_i}a_{ij}^{r}，且|a_{ij}|=p^{\frac{1}{2}}.$$ 这里，B_i是二维曲面的Betti数. N_p为整素数代数方程$f_i(x,y,\cdots,w)=0$的有限组解数，$i=1,\cdots,n$，而且要求未知数$x,y,\cdots,w$使得f_i都能被一个固定素数p整除. 他的这个猜想揭示了特征p的域上流形理论与古典代数几何之间的深刻联系，因而在国际数学界引起了轰动. 他自己证明了这个猜想的若干特殊情形. 数学界为了证明这个猜想所做的研究，使代数几何获得了长足的发展. 1952年，Weil证明了Riemann猜想成立的充分必要条件是在Idele群J_k上定义的某个广义函数是正定的. 1951年，他引进了所谓Weil群，用它定义了最一般的L函数为其特例. 1962年，他把有限域k上的不可约仿射簇简单地叫作簇，而把有限个簇(或簇的开集)利用双正则映射拼在一起来定义跟Serre意义上的不可约代数簇等价的概念称为抽象代数簇. 对自守函数，1967年，他得出了比一般满足某种函数方程Dirichlet级数与某种自守函数形式一一对应的更一般的结果. Weil和其他数学家将实数上的调和分析理论，包括Wiener的广义Tauber型定理在内的一般理论，应用赋范环的理论推广到局部紧Abel群的情形，这一理论称为"Abel群上的调和分析". 他还证明了微分几何中高维

Gauss-Bonnet 公式. 另外,他对微分方程动力系统也颇有建树.

Weil 的主要专著有:《数论基础》(1967)、《拓扑群的积分及其应用》(1940)、《代数几何学基础》(1946)等.

世界著名的 Springer 出版社于 1980 年出版了 Weil 的三卷文集. 这三卷文集收集了除 Weil 专著外的全部数学论著,包括已发表过的文章,和过去未发表的不易得到的原始资料. 最具特色的新内容是 Weil 本人对他的数学工作及数学发展的广泛的评论,从而使人读起来很受启发. Weil 的文集反映了他广泛的兴趣和渊博的学识,并可以看出他对当代数学的许多领域所产生的重要影响.

1980 年,美国数学会向 Weil 颁发了斯蒂尔奖,表彰他的工作对 20 世纪数学特别是他做出过奠基性工作的许多领域的影响. Weil 在 1980 年还荣获了经国家科学院推荐由哥伦比亚大学颁发的巴纳德奖章.

Weil 是布尔巴基学派的精神领袖. 数学结构的观念是布尔巴基学派的主要观点,他们把数学看成关于结构的科学,认为整个数学学科的宏伟大厦,可以不借助直观而建立在抽象的公理化的基础上. 他们从集合论出发,对全部数学分支给以完备的公理化. 在他们的工作中,结构的观点处于数学的中心地位. 他们认为最普遍、最基本的数学结构有三类,即代数结构、序结构、拓扑结构,他们把这三种结构称为母结构. 另外,母结构之间还可以经过混合和杂交,有机地组成一些新的结构,衍生出一些多重结构,比如拓扑代数、李群等就是代数、拓扑几种母结构结合的产物，实数是这三种结构有机结合在一起的结果. 因此，在布尔巴基学派看来，三个基本结构就像神经网络那样渗透到数学的各个领域，乃至贯穿全部数学. 整个数学就是由各类数学结构所构成的，把门类万千的数学分支统一于结构之中，这就是他们的基本观点.

Weil 对数学史也很有见地. 他的《数论：从汉谟拉比到勒让德的历史研究》对数论史做了详尽且深刻的描述与分析. 他和他的学派认为：数学历史的进程，就像一部交响乐的乐理分析那样，一共有好几个主旋律，你多少可以听出来某一特定的主旋律是什么时候首次出现的，然后，这个主旋律又怎么逐渐与别的主旋律融合在一起，而作曲家的艺术就在于把这些主旋律进行同时编排，有时小提琴奏一个主旋律，长笛奏另一个，然后彼此交换继续下去，数学的历史正是如此……. Weil 还说："当一个数学分支不再引起除少数专家以外的任何人的兴趣时，这个分支就快要僵死了，只有把它重新栽入生机勃勃的科学土壤之中才能挽救它."1978 年，他应邀在国际数学家大会上做了关于"数学的历史、思想与方法"的报告，受到了极热烈的欢迎，当时不仅大会会场座无虚席，而且连转播教室也被挤得满满的，听众达 2 500 多人，况且此次活动的通知还印错了报告时间，可见盛况之空前. 这也是 Weil 第三次被邀请在国际数学家大会上做全会报告(第一次是 1950 年，第二次是 1954 年).

Weil 于 1976 年秋曾应邀到我国访问. 他说："这是一次给我极深印象的访问."日本著名数学家小平

邦彦说:"Weil很热情,对青年人很亲切."

Weil治学严谨,忌浮如仇.他有一句名言:"严格性对于数学家,就如道德之于人."

Weil对数学做出了多种多样的贡献,但是他的影响绝不仅仅在于他的一些定理的结果.他的法语和英语表述采用博大精深(尽管偶尔有点牵强)的散文风格,赢得了大批的读者,他们接受他的关于数学本性与数学教学的鲜明观点.

Weil于1998年8月6日在美国新泽西州普林斯顿自己的寓所辞世.直到去世前的几年,他作为一位数学家,后来还作为数学史专家,一直都非常活跃.在他挚爱的妻子逝世之后,Weil写了自己的回忆录,读者可以从中充分地了解他的性格.

§2 法兰西的特性——法兰西社会的分析

为什么偏偏是Fermat?为什么这偏偏发生在法国?这是人们读有关Fermat大定理的历史时,掩卷后的沉思.有关Fermat人们会有许多的疑问:他那样喜爱数学,但为什么终身以律师为职业?他有那么多数学成果但为什么不发表,却用通信方式告诉别人?这类的问题如果仅仅是囿于数学领域,抑或是数学史领域都无法给出圆满的回答.如果我们试着将它放到社会这个大系统中,那么我们或许能够找到一个答案.因为数学的产生和发展是一种社会现象,是文明社会的一种现象.Galois参与政治,屡受挫折,不幸早逝,发生在19世纪初的法国,是一种社会现象;Abel穷困潦倒,命运不济,发生在19世纪初的北欧,也是一种社会现象.这都是社会影响数学发展的实例.

最明显的一种与数学有关的有趣的社会现象发生于匈牙利.在1848～1849年的革命中,未被消灭的封建势力严重地阻碍着匈牙利的工业发展,资本主义工业只是在19世纪末才缓慢地发展起来.多民族的匈牙利在政治上极不牢固,民族矛盾十分尖锐,资本主义工业与欧洲先进国家相比还较为落后,然而蜚声寰宇的人才却层出不穷.最著名的有:天才的作曲家和钢琴演奏家 Liszt(1811—1886),才华横溢的诗人 Petöfi(1823—1849),卓越的画家 Munkácsy(1844—1900),现代航天事业的奠基人 von Kármán(1881—1963),全息照相创始人、诺贝尔物理学奖获得者 Gabor(1900—1979),同位素示踪技术的先驱、诺贝尔化学奖获得者 Hevesy(1855—1966),诺贝尔物理学奖获得者 Wigner(1902—1995),氢弹之父 Teller(1908—2003),分析大师 Fejer(1880—1959),泛函分析的奠基者 Riesz(1880—1956),组合论专家 Konig(1884—1944),对测度论做出重大贡献的 Radó(1895—1965),领导研制第一台电子计算机的 von Neumann(1903—1957),数学和数学教育家 George Polya(1887—1985).无论从国土面积还是从人口比例来看,在一个短短的历史时期内涌现出如此众多的天才的艺术家和科学家,几乎是不可思议的.显然,把这种奇迹出现的原因归结于匈牙利生产水平的发展是不足取的.那么究竟应该怎样解释呢?这几乎可以说是文明史和科学史上的一个谜.

在探讨科学共同体内兴趣转移的问题时，默顿写道："每个文化领域的内部史都在某种程度上为我们提供了某种解释；但是，有一点至少也是合乎情理的，即其他的社会条件和文化条件也发挥了它们的作用."

也就是说，社会条件和文化条件是数学发展的外部环境，更多地了解和更好地认识 Fermat 当时所处的法国社会和当时科学及文化的发展是必要的.

现在让我们看看 Fermat 时代的法国是一种什么状态的社会.

据葛力的《当代法国哲学》中介绍：当时法国社会等级森严，所有的人分为三个等级. 明文规定第一等级为僧侣（司汤达的《红与黑》中的黑即指修士，红则指从军，这是当时年轻人的两大理想职业，这样我们不难理解为什么 Mersenne 为修士，Descartes 入军界的原因了），僧侣中包括修士和修女在内的黑衣僧和高级教士白衣僧，约为 13 万，同当时大约 2 500 万总人口相比是少数，但是他们享有特权. 在经济上，他们"占有王国中十分之一左右的土地，土地收入每年达 8 000 万至 1 亿锂，此外还有 1.2 亿锂的什一税."在政治上，"有自己的行政组织（教士总管和教区议院），而且有自己的法庭（教区宗教法庭）."他们统治教育界，管辖大、中、小各级学校. 在意识形态领域也掌握重要权力，散布宗教迷信思想. 在生活上，他们并不信守自己宣扬的教条，相反，巧取豪夺，尽情享受. 高级僧侣收入丰富，穷奢极欲，是教会的王侯；他们拥有富丽堂皇的宫殿，可以外出游猎，也可以在府邸里举行盛大宴会、舞会和演奏会，由衣着华丽的仆从服侍生活，无异于高级贵族.

僧侣组成教会，教会卷入政治漩涡，造成教会与国王争权的矛盾. 作为天主教徒的僧侣，掀起一股狂热毒恶的浪朝，猛烈地翻滚腾跃，使国家业已混乱的局面更加动荡不安. 1598 年由亨利四世颁布有利于新教的南特命令被路易十四在 1685 年废止以后，大批的加尔文教徒逃亡国外. 3 年内将近 5 万户人家离开了法国……他们把技艺、手工业和财富带往异邦. 几乎整个德国北部原是朴野无文之乡，毫无工业可言，因为这大批移民涌来而顿然改观. 他们住满整个城市. 布匹、饰带、帽子、袜子等过去要购自法国的东西，如今全由他们自己制造. 伦敦整整一个郊区住满法国的丝绸工人. 另外一些移民给伦敦带来晶质玻璃器皿的精湛工艺，而这种工艺当时在法国都已失传绝迹. 现在还能在德国经常找到逃亡者当时在那里散传的金子. 这样一来，法国损失了大约 50 万居民，数量大得惊人的货币，尤其是那些使法国人发财致富的工艺. 天主教教会、教徒罪恶昭彰的行径，使法国在金钱、工艺和人才方面遭受极大的损失，造成极大的危害，而且，由于宗教狂热，还时有诬赖无辜人民亵渎天主教，制造严重的宗教事端，危及人民的生命财产安全，其发生在一些案例中的情景，残酷至极，骇人听闻.

僧侣是法国旧制度政治结构中的一股力量，国王对这个等级谨慎行事，注意维护他们的权利，不侵犯他们的特权. 拥有特权在法律、习惯上已经成为僧侣的本质属性，绝对不能触动. 正是由于这种衣食无忧的生活，像 Mersenne 那样喜好数学的僧侣，才能用常人不能达到的精力与时间去研究数学，推动数学的发展.

除第一等级僧侣以外，享有特权的还有属于第二等级的贵族.贵族免缴大部分捐税，特别是从临时税演变为经常税的军役税，即所谓达依税.在经济上，一些占有领地的贵族还向农民征集领主的税收.在权力机构中，他们有权充任高级军官、高级神职人员和高级法官.这种贵族实际上是高级贵族，即宫廷贵族，是世袭的.Fermat 家族即是这种贵族，他们的封建爵位称号为公、侯、伯、子等，可以出入宫廷；他们身居高位，收入极丰，生活也糜烂不堪.

贵族中还有乡村贵族，他们长年居住在乡村，没有额外的收入，更不能指望获得国王的赏赐，只靠压榨农民、勒索地租而生活.就遗产而言，贵族子弟所能继承的不得超过总额的三分之一，这样，他们的子孙后代能接受的遗产越来越少，最后财产则所剩无几，他们也就几乎无所继承了.他们没有其他来源，既是贵族，又不能从事体力劳动，即使耕种自己的土地，其面积也有一定的范围.如果进行工商业活动，那么就会失去贵族的地位，丧失包括免税在内的特权.

无论是宫廷贵族，还是乡村贵族，可以说都与生产无缘，过着游手好闲的生活.他们的身份决定他们的生活方式，这种方式使他们成为寄生虫、社会的赘疣，人民必欲把他们除掉而后快.

在贵族之间，还有一种穿袍贵族.这种贵族的称号是王国政府卖官鬻爵的产物，是为增加王国收入，充实国库而采取的一种措施的结果.根据这种措施，增加了许多无用的官职.例如，在1707年，设立了国王的酒类运输商兼经纪人的官职，这一官职卖了18万利弗.人们还想出皇家法院书记官、各省总监代理人，国王的掌管木料存放顾问、治安顾问、假发假须师、鲜牛油视察监督员、咸牛油品尝员等职位.穿袍贵族有的取得了王国中高级职位，进入高等法院，掌握司法权和行政权，由国王派到各省作监督或副监督.Fermat就是这样被任命为图卢兹地方法官的，但由于人品的原因，Fermat以研究数学代替了灯红酒绿的生活，以读书写作代替了营私舞弊.这些人都出身于上层资产阶级，诸如大工商业家和大银行家等.一旦他们获得贵族称号，就希望与佩剑贵族为伍，和他们平起平坐，实际上在18世纪的法国他们已经达到了这种目的.他们的思想实质贵族化，一心一意紧握贵族特权，千方百计地为之辩护.

奇怪的是法国社会的腐败和动荡并没有殃及科学和艺术，这可能与法国人特别是统治者对科学与艺术的偏爱有关，同时也说明科学与艺术绝对是闲情逸致的产物.

在路易十四统治时代，法国除修建了研究自然科学的机构以外，还创立了研究文学艺术和历史的组织，例如，于1663年由几位法兰西学院院士组成一个美文学院.它原来以为路易十四服务为目的，后来着重研究古代文化，正确合理地考证、详论各种思想观点和各种事件.对此，伏尔泰也做出了评价，说“它在历史学方面起的作用，和科学院在物理学方面起的作用差不多.它消除了一些谬误."他的评价依然公允,美文学院研究历史、文化,既有考证,又做出评判,启人心扉,开展思路,颇有重要的启蒙作用.

在一些王公重臣的心中,科学和技术还是有一定地位的,如路易十四的得力助手柯尔伯,他既是贸易能手,又是工业专家,还热心支持科学.1666 年,有鉴于英国皇家学会在光学、万有引力原理、恒星的光行差和高等几何方面的发现以及其他成就,他极为欣羡,以致妒忌,希望法国能够分享同样的荣誉.借助几位学者的申请,他敦促路易十四创立一所科学院.这个机构直到 1699 年都是自由组织.柯尔伯以高额补助把意大利的 Cassini,荷兰的 Huygens,丹麦的 Romell 都招引到法国来.Romell 确定了太阳的光速,惠更斯发现了土星光环和一颗卫星,Cassini 发现了其他四颗.这一切都使得法国的科学盛极一时,人们的思想发生了很大的变化,不再在陈腐的轨道上运转,而是伸向新的方向,针对面临的问题,寻求新的解决方案."人们抛弃一切旧体系,对真正的物理学的各部分逐渐有了认识,研究化学而不寻求炼金术,也不寻求使人延年益寿到自然限度以外的办法;研究天文学而不再预言世事变迁.医学与月亮的盈蚀不再相干.人们看到这些,感到惊奇.人们一旦对大自然有了进一步的认识,世界上就不再存在什么奇迹.人们通过研究大自然的一切产物来对大自然进行研究."研究自然仅仅以自然本身为对象,不涉及神秘的东西,完全拨开了神秘的烟雾,开拓了新的视野,这给法国思想界带来莫大的利益,促使它取得丰硕的收获.

路易十四本人在对法国科学的发展上也具有一定的业绩.于1661年他下令开始修建天文台,于1669年责成Cassini和Picard划定子午线.1683年子午线经拉伊尔继续往北划,最后由Cassini于1700年把它延长,划到鲁西荣.Voltaire详细地记述了这段历史事实,尔后评论道:“这是天文学上最宏伟的丰碑.仅仅这项成就就足以使这个时代永放光芒.”他的评论说明他自己对法国的科学的成就是赞叹不已的.

§3　法兰西的科学传统

法国有着深厚的科学传统,日本科学史家汤浅光朝曾以《法国科学300年》详论了这种值得称道的传统.法国人的理性主义,始于Descartes的理性主义(rationalistic,亦称唯理论),已有300年历史,法国就是产生这一思想的祖国.理性主义——特别是以数学为工具——是近代科学形成的重要因素.近代哲学两大潮流之一的欧洲大陆唯理论,即起源于法国的Descartes.后来,大多数法国人都是Descartes唯理论的崇拜者…….Descartes对于近代思想,特别是对法国清晰的判断性观念的流行,起了决定性作用.

传统的力量是惊人的,直至今天法国人仍然保留着喜爱哲学的习性.

《光明日报》曾专门刊登了一篇法国人喜爱哲学的小报道,每逢星期日,巴黎巴士底广场附近的“灯塔”咖啡馆便高朋满座,人声鼎沸.这个咖啡馆赖以吸引顾客的不是美味佳肴，而是一个开放性的哲学论坛. 走进咖啡馆，人们相互友好地传递着话筒和咖啡. 这种情景在人情淡漠的巴黎平时是相当罕见的.

这个哲学论坛的主持人是曾经当过哲学教师的马赫·索特，他已发表过两部关于德国哲学家尼采的专著. 1992 年，索特开办了一个“哲学诊所”，专门供那些酷爱哲学的人前来与他探讨哲学问题，尽管索特每小时收费 350 法郎，但仍有不少人前来“就诊”. 于是，他产生了到咖啡馆等公共场所开办“哲学论坛”的想法，结果反应十分强烈. 目前，索特已在巴黎和外地的 30 家咖啡馆开办了哲学论坛，迄今讨论的题目几乎涉及了哲学的各个领域.

哲学论坛能在各个咖啡馆持久不衰，表明了法国人对哲学的热衷和迷恋. 另一个表明法国人对哲学情有独钟的迹象是哲学著作经常出现在畅销书排行榜上. 挪威哲学家乔斯坦·贾德以小说形式写的哲学史名著《苏菲的世界》，10 个月时间在法国售出了 70 万本. 巴黎索邦大学哲学教授安德烈·孔特一斯邦维尔的一部哲学专著在出版的第一年也售出了 10 万本.

孔特一斯邦维尔教授在解释法国出现“哲学热”的原因时说，除传统的因素之外，还因为宗教和其他意识形态理论提供的现成答案愈来愈不能令人满意. 索特也认为，“哲学热”的出现是西方国家出现危机的先兆. 他说：“如果当年的希腊没有出现民族危机和内战，哲学就不会在那里诞生.”

与边走路边思考的讲求实际的英国人不同，法国人是想好了再去行动. 法国人是在行动中彻底实现

Descartes 明确的理性思想的．但是，这种理性主义并不像德国人那样在普遍的逻辑制约下追求系统性，而是依靠各自独立的才智和感性，具有一种天启的色彩．只要回忆一下 Descartes，Pascal，Lavoisier，Carnot，Ampere，Bernal，Pasteur，Poincaré，Curie 等科学家的生平就可以看出，反映在法国文学、绘画、音乐中的那种独创性以及轻快的天才灵感，在科学家的业绩中也存在着．很明显，法国科学家与英国、德国、美国等国的科学家不同，具有法国的特色．

Bernal 在《科学的社会功能》一书中，对“法国的科学”做了如下描述：

> 法国的科学具有一部辉煌而起伏多变的历史．它同英国和荷兰的科学一起诞生于 17 世纪，但却始终具有官办和中央集权的性质．在初期，这并不妨碍它的发展．它在 18 世纪末仍然是生机勃勃的，它不仅渡过了“大革命”，而且还借着“大革命”的东风进入了它最兴盛的时期．在 1794 年创立的工艺学校就是教授应用科学的第一所教育机关．由于它对军事及民用事业都有好处，因此受到拿破仑的赞助．它培养出大量的有能力的科学家，使法国科学于 19 世纪初期居于世界前列．不过这种发展并未能维持下去，和其他国家相比，虽然也出现过一些重要人才，然而其重要性逐渐在减退．原因似乎主要在于资产阶级政府官僚习气严重，目光短浅，并且吝啬，不论是王国政府、帝国政府还是共和国政

府都是如此……不过在这整个期间,法国科学从未失去其出众的特点——非常清晰而优美的阐述.它所缺乏的并不是思想,而是那个思想产生成果的物质手段.在 20 世纪前 25 年中,法国科学跌到第 3 或第 4 位,它有一种内在的沮丧情绪.

要了解法国的科学传统就必须了解法国的大学.

法国是西方世界最早创立大学的国家,正如 Bernal 所指出的那样,法国的教育行政是典型的中央集权制.现在,全国划分为 19 个学区,各区中都设有大学.但是其中只有巴黎大学是特别出色的一所历史悠久的大学(创立于 1109 年),了解了巴黎大学,即可以对法国大学有个总体了解.这是因为法国文化也是中央集权的,主要集中在巴黎.

巴黎大学的创办可以追溯到 12 世纪.英国的剑桥大学和牛津大学就是以巴黎大学为模式建立的.德国以及美国的大学也都源于巴黎大学.巴黎大学可以算是欧美大学的共同源泉.Guillaume de Champeaux 于 1109 年取得教会许可,在位于锡特岛巴黎总寺院的圣母院内,以总寺院学校的形式创立了巴黎大学(称作圣母学校).这所大学成为中世纪经院哲学的重要据点,同时对数学教育也给予了足够的重视.

巴黎大学讲授欧氏几何学.从记有 1536 年标记的欧几里得《几何原本》前六卷的注解书,可以推定取得数学学位的志愿者必须宣誓听讲这卷书.实际考试时只限于《几何原本》的第一卷.因此,他们把第一卷最后出现的 Pythagoras 起了“数学先生”的绰号.

16 世纪法国出版了许多实用的几何学书籍，但这些书没有进入大学校门. 同样，商业的、应用的算术书大学也不能采用. 当时，巴黎大学有些教授写的算术书，都是希腊算术的撮要，是以比的理论等为主要内容的旧式的理论算术. 实际上，商业算术只能在工商业城市里印刷出版而不能在巴黎出版. 在这方面，大学数学教育只作为教养科目而非实际应用学科的倾向性，仍有柏拉图学派的遗风.

在法国推行人文主义的学校，也设有数学课. 但是，这种数学课程接近古希腊的“七艺”中的几何、算术科目，古典的理论算术和欧氏几何脱离实际应用. 如 1534 年鲍尔德市的人文主义学校，除学些算术、三数法、开平方、开立方外，还在使用 11 世纪有名的希腊学者 Pesllus 的书 *Mathematicorum Breviarium*（该书包括算术、音乐、几何、天文学的内容）和 5 世纪哲学家 Proclus 的书 *de Sphaera* 等古典著作.

当然，法国和德国一样，16 世纪以来，许多城市都有一所本国语的初等学校. 在这些学校，都要学习简单应用的算术和计算法.

继巴黎大学之后，历史上最悠久的大学是位于法国南部地中海沿岸的蒙彼利埃大学，该大学创立于 12 世纪，在医学方面有着优秀的传统. 它与意大利的萨勒诺大学都是欧洲先进医学研究的根据地. 其全盛时期是 13～14 世纪.

到中世纪末为止，法国设立的大学除蒙彼利埃大学外，还有奥尔良大学(1231)、昂热大学(1232)、图卢兹大学(1230,1233)、阿韦龙大学(1303)、卡奥尔大学(1332)、格勒诺布尔大学(1339)、奥兰日大学(1365)、埃克斯大学(1409)、多尔大学(1422)、普切大学(1431)、卡昂大学(1437)、波尔多大学(1441)、瓦兰斯大学(1459)、南特大学(1460)、布鲁日大学(1464).

18 世纪末的法国"大革命",同社会制度一样清算了教育制度中的一切旧体制.中世纪的大学由于"大革命"而被消灭.这场"大革命"的教育精神,由拿破仑一世使之成为一种制度,并由 1806 年 3 月 10 日"关于设置帝国大学的法律"及其附属敕令——1808 年的"关于大学组织的敕令"而具体化.这个帝国大学并不是一个具体学校,而是一个承担全法国公共教育的教师组织机构.将全国划分为 27 个大学区,各大学区井然有序地配置高等、中等、初等学校,形成有组织的统一的学校制度.日本在 1872 年首次制定了教育组织,把全国分为 8 个大学区,就是模仿法国教育制度.法国的大学组织与法国的教育行政密切结合在一起,1808 年确立的组织机构至今还在起作用.

法国大学的近代化是在 1885 年以后的 10 年内完成的,1870 年普法战争中败北的法国,开始认真地考虑近代科学研究与国家繁荣的关系问题.法国大学真正重建为综合性的大学则是 1891 年以后的事.

从数学发展的角度来看,这一时期正是法国数学大发展的时期.

18,19 世纪之交,世界数学的中心是在法国,而此时正值法国"大革命"时期,这之间可能存在着某种关联.

18,19 世纪之交的法国资产阶级大革命是一场广泛深入的政治与社会变革,它极大地促进了资本主义的发展.在法国革命期间,由于数学科学自身那种对自由知识的追求,以及这种追求所取得的巨大成功,使法国新兴资产阶级政权将数学科学视为自己的天然支柱.当第三等级夺取了政权,开始改革教育使之适应了自己的需要时,他们看到正好可以利用这些数学科学进行自由教育,这种教育是面向中产阶级的.加上旧制度对于这些科学的鼓励,这时法国出现了许多第一流的数学科学家,如 Laplace, Monge, Legendre,Carnot 等,他们乐于从事教育,并指出了通向科学前沿的道路.这里我们要特别介绍对数论有较大贡献的 Legendre.

Legendre, 1752—1833,生于巴黎(另一说生于图卢兹,与 Fermat 同乡),卒于巴黎.他早年毕业于 Mazarin 学校,1775 年任巴黎军事学院数学教授,1780 年转教于高等师范学校.1782 年他以《关于阻尼介质中的弹道研究》(*Recherches sur la Trajectoire des Projectiles dans les Milieux Résistants*, 1782)赢得柏林科学院奖金,第二年当选为巴黎科学院院士.1787 年他成为伦敦皇家学会会员.Legendre 常与 Lagrange,Laplace 并列为法国数学界的“三 L”.他的研究涉及数学分析、几何、数论等学科.1784 年他在科学院宣读的论文《行星外形的研究》(*Recherches sur la Figure des Planètes*,1784)中给出了特殊函数理论中著名的“Legendre 多项式”,并阐明了该式的性质.1786 年他又在《科学院文集》(*Mémoires del'*

Académie)上发表了变分法的论文,确定极值函数存在的"Legendre条件",给出椭圆积分的一些基本理论,引用了若干新符号.此类专著还有《超越椭圆》(*Mémoire sur les Transcendantes Elliptiques*,1794)、《椭圆函数论》(*Traité des Fonctions Elliptiques*,1827—1832)等.他的另一著作《几何原理》(*Elements de Géomértie*,1794)是一部初等几何教科书.书中详细讨论了平行公设问题,还证明了圆周率π的无理性.该书独到之处是将几何理论算术化、代数化,说明透彻,简明易懂,深受读者欢迎,在欧洲用作教科书达一个世纪之久.《数论》(*Essai sur la Théorie des Nombres*)是Legendre的另一力作,该书出版于1798年,中间经过1808年、1816年和1825年多次修订补充,最后完善于1830年.书中给出连分数理论、二次互反律的证明以及素数个数的经验公式等,对数论进行了较全面的论述.Legendre的其他贡献有:创立并发展了大地测量理论(1787)、提出球面三角形的有关定理.

另一所对法国科学有较大影响的学校是巴黎理工学校,由于当时军事、工程等的需要,资产阶级需要大量的科学家、工程技术人员,这是极为迫切的问题.当时朝着这方面努力的一个成功的例子就是1795年法国政府创办了巴黎理工学校,它的示范作用对法国高等教育甚至初等教育都产生了深远的影响.它的成功使得欧洲大陆国家纷纷仿效,如1809年柏林大学改革,其影响甚至远播美国——著名的西点军校就是仿效巴黎理工学校建立的.

值得注意的是,1808年法国政府又建立了高等师范学校.这所学校是专门用来培养教师的,但也提供高深的课程,它有良好的学习与研究条件,学习好的学生被推荐去搞研究.它招进的都是优秀的学生,也培养了一批批一流的数学家,至今仍然如此.20世纪30年代产生的布尔巴基学派的成员大部分毕业于这所学校.从19世纪30年代开始,高等师范学校显示出了极为重要的地位.Galois就是该校的学生.新学校的发展使法国教育大为改观.

从教育的角度讲,巴黎大学在16～17世纪中,作为经院哲学的顽固堡垒,统治着整个法国的教育.但是巴黎大学已经丧失了指导正在面临的新时代的力量,新兴势力的新据点在与巴黎大学的对抗中产生.

1530年,法兰西学院在法国文化史上占有特殊地位,一直存续至今,是在人本主义者Bude,Guillaume(1468—1540)建议下于弗朗西斯一世时创建.相当于伦敦的格雷沙姆学院(Gresham College),设有希腊语、希伯来语、数学等学科.

1640年,法兰西学会,由路易十三的宰相Richelieu(1585—1642)设立的新文学家团体,有会员40名.

1666年,科学学会,由路易十四的宰相J.B.Colbert(1619—1683)设立.

英国与法国在科学会的成立与发展中有许多差异,英国皇家学会创立于1662年,而法国的巴黎皇家科学学会是于1666年在巴黎创立的,这正是太阳王路易十四(1643—1715)时期.与英国皇家学会的主体是贵族、商人和科学家不同，法国的科学学会是官办的，1666 年设立时有会员约 20 人，会员都是由国王支付薪水的. 而且，它与伦敦的皇家学会的会员们那种自选研究题目的平民科学家的自主型集会不同，它是由一些政府确定研究题目的职业科学家组成的，是一个皇室经办的官方机构. 伦敦的皇家学会经常面临经费困难，而法国皇家科学学会不仅提供会员们的年薪，而且实验和研究经费也由国库支付. 路易十四从欧洲各地招募学者，使法国的这个学会一时呈现出全欧洲大陆最高学会的景观. 学会附属机构——新设的天文台，台长是从意大利聘请来的天文学家 Cassini，荷兰的 Huygens 更是学会的核心人物.

它的创立经过，与英国的皇家学会一样，有一个创立的基础. 这个学会最初是以 Descartes 的学生，将 Galilei 的《天文学对话》(1632)译成法文的弗朗区斜科教派的 M. Mersenne(1588—1648)为中心的一个学术团体. Descartes 曾通过 Mersenne 在较长的时期内(1629—1649)与 Galilei，Gassendi，Roberval，Hobbes，Carcavi，Cavalieri，Huygens，S. Hartlib 等人通信. 对科学数学化或对实验科学感兴趣的科学家们，常在 Mersenne 的地下室集会. Fermat，Desargues，Roberval，Pascal，Gassendi 均是其常客. 后来每周四在各家集会，最后在顾问官 Montmort(1600—1679)家定期集会活动. 这个集会也与英国皇家学会有联系. 当时的宰相，重商主义政策实行者柯尔伯得知这一情况后，经过一番努力，正式创办了皇家科学学会. 最早成为科学学会会员的有：

Auzout，著名天文学家，望远镜用测微器发明者；

Bourdelin，化学家；

Buot，技术专家；

Carcavi，几何学家，皇家图书馆管理员；

Couplet，法兰西学院数学教授；

Cureau de la Chambre，路易十四侍医，法兰西学会会员；

Delavoye Mignot，几何学家；

Dominigue Duclos，化学家，柯尔伯侍医，最活跃的会员之一；

Duhamel，解剖学家；

Frenicle de Bessy，几何学家.

Bessy 与 Fermat 有较密切的接触，他同时也是物理学家、天文学家，生于巴黎，卒于同地. 他曾任政府官员，业余钻研数学，与 Descartes，Fermat，Huygens，Mersenne 等当时著名的数学家保持长期的通信联系. 他主要讨论有关数论的问题，推进了 Fermat 小定理的研究，另外对抛射体轨迹做过阐述，还第一个应用了正割变换法，曾指出幻方的个数随阶数的增长而迅速增加，并给出 880 个 4 阶幻方. 其主要著作有《解题法》(1657)、《直角三角形数(或称勾股数)》(*Traité des Triangles Rectangles en Nombres*, 1676) 等. 另外还有：

Gayant，解剖学家；

Abbe Gallois，后来任法兰西学院希腊语和数学教授，Colbert 的亲友；

Huygens，最早的也是唯一的外国会员，荷兰数学家、物理学家、天文学家，最活跃的会员之一；

Marchand，植物学家，皇家植物园园长；

Mariotte，物理学家，著名会员之一；

Niguet，几何学家；

Pecguet，解剖学家；

Perrault，建筑家，最活跃的会员之一，使 Colbert 对科学产生兴趣的就是他；

Picard，天文学家，法兰西学院天文学教授，最活跃的会员之一；

Pivert，天文学家；

Richer，天文学家；

Roberval，数学家.

Colbert 1683 年去世后，学会活动曾一度衰落，1699 年重新组织后又恢复了活力，当时选举 Fontennelle(1657—1757)为干事，任职达 40 年之久. 他著有《关于宇宙多样性的对话》(1686)，普及了 Copernicus 学说.

在法国历史上对科学影响最大的是在 Voltaire，Rousseau，Diderot 等人的启蒙思想影响下爆发的法国"大革命"，是 18 世纪世界历史上的重要事件. 这一启蒙思想以 17 世纪系统化的机械唯物论的自然观，特别是以 Newton 的物理学为基础，从科学和技术中去寻求人性形成的动力. 启蒙思想对于 17 世纪确立的波旁王朝(1689—1792)的极权主义，以及支持极权主义的一切思想、宗教、精神权威而言，是具有批判性和破坏性的. 18 世纪是一个"理性的世纪"，同时也是一个"光明的世纪". 启蒙思想家们强烈要求的是自由、平等、博爱，他们将“理性”与“光明”投向极权主义国家体制下不合理社会生活的各个角落，确立近代人道主义的启蒙运动，作为新兴的自然科学思想的支柱而得到发展，其主要舞台是法国.

法国启蒙运动始于冯特尼尔和 Voltaire. 冯特尼尔是科学学会的终身干事. 他的著作《关于宇宙多样性的对话》对普及新宇宙观和科学的世界观做出了贡献. Voltaire 将 Newton 物理学体系引入到法国，完成了法国 18 世纪科学振兴的基础工作. 1738 年 Voltaire 出版了《Newton 哲学纲要》.

集法国启蒙思想大成的巨型金字塔，能很好地反映 18 世纪法国科学实际情况，这就是著名的《法国百科全书》(1751～1772). 这部百科全书是一项巨大的研究成果，其包括正卷 17 卷(收录条目达 60 600 条)，增补 5 卷，其字数相当于 400 字稿纸 14 万页之多，此外还有图版 11 卷，索引 2 卷. 从 Diderot 开始编辑起，经历了 26 年于 1772 年完成. 执笔者的职业涉及各方面：

实行派(98 人)——官吏(26 人)、医生(23 人)、军人(8 人)、技师(5 人)、工场主(4 人)、工匠(14 人)、辩护士(3 人)、印刷师(3 人)、钟表匠(2 人)、地图师(2 人)、税务包办人(2 人)、博物馆馆长(2 人)，学校经营者、建筑家、兽医、探险家各 1 人.

桌上派(67 人)——学会会员(24 人)、著作家(17 人)、教授(13 人)、僧侣(8 人)、编辑(2 人)，皇室史料编辑官、剧作家、诗人各 1 人.

这里的实行派，指除了读书写作外还从事其他职业，通过其职业而掌握经验知识者，而桌上派也是指采取实行派立场的桌上派.《百科全书》是从中世纪经院哲学立场向实验性、技术性立场转变期中的巨型金字塔.

18世纪法国的科学成果十分丰富. 17世纪产生于英国的 Newton 力学，18世纪初传入法国，经 D'Alembert，Lagrange，Laplace 等人进一步发展，到18世纪末即迎来了天体力学的黄金时代. 与18世纪英国的注重观测的天文学家 J. Bradley(1692—1762)及 N. Maskelyne(1732—1811)不同，法国出现了 Lagrange，Laplace 等优秀的理论家. 这一倾向并不只限于力学. 英国实验化学家 Priestley，站在传统的燃素说立场上仅发现了氧，而法国的 Lavoisier 则利用氧创立了新的燃烧理论，并由此而成为化学革命的主要人物. 生物学家 Buffon 并没有满足于 Linné 在《自然体系》(1735)中提出的分类学说，进而完成了44卷的巨著《博物志》(1748—1788). Newton 阐明了支配天体等物体运动的规律，而 Buffon 则力图阐明支配自然物(动物、植物、矿物)的统一规律.

与立足于实际的英国人开拓产业革命(1760～1830)道路的同一时期，侧重理论的法国人则完成了政治革命(1789～1794)的准备. 可以说，18世纪末世界历史上的两大事件既发端于科学革命，又受科学促进的.

始于1789年的法国"大革命"，虽然出现了将化学家 Lavoisier(税务包办人)及天文学家 J. S. Bailly(巴黎市长)送上断头台的暴行，然而革命政府的科学政

策却将法国科学在18世纪末到19世纪前半叶之间推上了世界前列.革命政府为了创造美好的未来,制定了如下政策:

(1)改组科学学会;

(2)制定新度量衡制——米制;

(3)制定法兰西共和国历法(1792～1806);

(4)创立工艺学校;

(5)创立师范学校;

(6)设立自然史博物馆(改组皇家植物园);

(7)刷新军事技术.

其中,制定米制及创立工艺学校(理工科大学,1794年)是法国科学发展中最优秀的成果.Laplace,Lagrange,Monge,Fourier等均是工艺学校的教官,该校培养了许多活跃于19世纪初的科学家.在自然史博物馆中则集聚了Lamarck,E. Saint-Hilaire,G. Cuvier等大生物学家,不久后这里就成为进化论研究与争论的场所.

从法国"大革命"到拿破仑时代达到顶峰的法国科学活动,从19世纪中叶以后转而衰落下去.在19世纪以后,虽然也出现过世界首屈一指的优秀科学成果,除Pasteur及Curie外,Ampere的电磁学、Carnot的热力学、Galois的群论、Le Verrier的海王星的发现、Bernal的实验医学、Fabre的昆虫记、Becquerel的放射性的发现等,均是极为出色的成果.但是从整体上看,法国的科学活动能力落后了,其原因是复杂的,不过法国工业的薄弱基础及其官僚性的大学制度,都是促成其落后的重要原因.而且法国人性格本身的原因也很重要，虽然法国人构思很好，然而对工业化兴趣不大.从19世纪后半叶"社会文化史"栏目中可以看到，在象征派诗人、自然主义文学家、印象派画家开拓新的艺术世界的同时，法国科学不但没能恢复反而衰落下去.

法国诺贝尔奖奖金获得者在人数上比英国、德国、美国都少.在20世纪上半叶，获得物理学、化学、医学奖的共16人，其中1901～1910年(6人)、1911～1922年(5人)、1921～1930年(3人)、1933～1940年(2人)、1941～1950年(0人)，可见20世纪初较多，以后逐渐少起来.

法国科学的衰落有着复杂的原因，但有一点可以肯定，那就是法国人对科学依旧依赖，对科学家依旧尊重.这就是法国科学得以重居世界中心地位的基础与保障.

1954年5月15日，在法国索邦举行的纪念Poincaré诞生100周年纪念大会上，法国数学家Hadamard在演讲中说：

> "今天，法兰西在纪念她的民族骄子之一Poincaré.他的名字应该是人所共知的，应当像他生前在人类精神活动的另一个领域那样，使每一个法国人感到骄傲.数学家的业绩不是一眼就能看见的，它是大厦的基础，看不见的基础，而大厦是人人都可以欣赏的，然而它只有在坚实的基础上才能建立起来."

在 Fermat 大定理获证的今天,追忆往事,人们不禁会发出法兰西科学长青、法兰西科学传统永存的感慨,也只有在这样的国度与传统中才能产生 Fermat 这样的旷世奇才.